高等院校互联网+新形态创新系列教材·计算机系列

EDA 技术及 VHDL 程序设计

李翠锦　　武丽莉　　余晓玫　　主　编

李金琼　　陈明平　　徐礼培　　副主编

清華大學出版社
北　京

内 容 简 介

本书吸收了近年来的最新理论研究成果，同时紧密联系 EDA 技术设计流程及芯片设计的最新动态，通过介绍大量的工程案例，突出内容诠释上的深入浅出，使学生在掌握专业理论知识的同时，提高芯片设计分析与操作的实际技能。

本书共分为 8 章，内容包括 EDA 技术概述、EDA 设计开发工具、VHDL 语言编程基础、组合逻辑电路的设计、时序逻辑电路的设计、Quartus II 软件中的宏模块、EDA 设计仿真及 EDA 设计综合实例。

本书既可以作为高等院校电子信息类专业的教材，也可以作为电子设计从业者的参考用书。

图书在版编目(CIP)数据

EDA 技术及 VHDL 程序设计/李翠锦，武丽莉，余晓玫主编. —北京：清华大学出版社，2022.12
高等院校互联网+新形态创新系列教材. 计算机系列
ISBN 978-7-302-62268-0

Ⅰ.①E…　Ⅱ.①李…　②武…　③余…　Ⅲ.①电子电路—电路设计—计算机辅助设计—高等学校—教材　②VHDL 语言—程序设计—高等学校—教材　Ⅳ.①TN702.2　②TP301.2

中国版本图书馆 CIP 数据核字(2022)第 234431 号

责任编辑：孟　攀
封面设计：李　坤
责任校对：吕丽娟
责任印制：刘海龙

出版发行：清华大学出版社
　　　　　网　　　址：http://www.tup.com.cn，http://www.wqbook.com
　　　　　地　　　址：北京清华大学学研大厦 A 座　　　邮　　编：100084
　　　　　社 总 机：010-83470000　　　　　　　　　邮　　购：010-62786544
　　　　　投稿与读者服务：010-62776969，c-service@tup.tsinghua.edu.cn
　　　　　质量反馈：010-62772015，zhiliang@tup.tsinghua.edu.cn
　　　　　课件下载：http://www.tup.com.cn，010-62791865
印 装 者：天津安泰印刷有限公司
经　　销：全国新华书店
开　　本：185mm×260mm　　　印　张：14.5　　　字　数：348 千字
版　　次：2022 年 12 月第 1 版　　　印　次：2022 年 12 月第 1 次印刷
定　　价：49.00 元

产品编号：079537-01

前　言

电子设计自动化(electronic design automation，EDA)是指利用计算机辅助设计(CAD)软件，完成超大规模集成电路(VLSI)芯片的功能设计、综合、验证、物理设计(包括布局、布线、版图、设计规则检查等)等流程的设计方式，在电子设计领域应用广泛。虽然 EDA 芯片的成本较高，但是它给电子系统带来的不可限量的速度和带宽，以及其在灵活性、小型性方面的优势，越来越被追求高性能、偏重定制化需求的开发者所青睐。因此，在高校开设此门课程，以适应电子设计专业的发展需要，对培养专业人才，强化学生实践能力意义重大。

本教材依托重庆市教委教研教改项目(项目编号：193297)、重庆市高等教育学会高等教育科学研究课题项目(项目编号：CQGJ19026A)，按照 OBE-CDIO 工程教育创新模式，结合教育部"卓越工程师教育培养计划"的实施原则，突出基本理论与实际应用相结合。通过合理安排教材内容，在保证基本理论知识的前提下，兼顾传统设计方法与软硬件化设计方法、单元电路与系统设计的关系。本书中的实验依托北京百科荣创 EDA/SOPC 综合实验开发系统，并以 Altera 公司 Cyclone IV E 系列的 FPGA 为核心芯片。

本书共分为 8 章。第 1 章为 EDA 技术概述，主要介绍可编程器件的一些基本概念、主要应用领域、相比传统技术的优势及开发流程。第 2 章为 EDA 设计开发工具，主要介绍 ModelSim 仿真软件和 Quartus II 综合软件的安装流程及使用方法。第 3 章为 VHDL 语言编程基础，主要介绍使用最广泛的 VHDL 语言的基本语法及使用方法。第 4 章为组合逻辑电路的设计，主要介绍常见组合逻辑电路的设计方法。第 5 章为时序逻辑电路的设计，主要介绍常用的触发器、寄存器、存储器等时序逻辑电路。第 6 章为 Quartus II 软件中的宏模块，主要讲述 Quartus II 软件中内核使用方法。第 7 章为 EDA 设计仿真，主要介绍 Testbench 仿真文件的编写及其在 ModelSim 仿真中的应用。第 8 章为 EDA 设计综合实例，主要通过 8 个项目讲述 EDA 设计方法及流程。

全书由李翠锦组织编写，其中第 1 章由余晓玫、李金琼编写，第 2、6、8 章由李翠锦编写，第 3、4、5 章由武丽莉编写，第 7 章由陈明平、徐礼培编写。另外，在本书的编写过程中，得到了何世彪教授的大力支持，他为本书提出了许多宝贵意见，在此表示感谢。

由于编者水平有限，书中难免存在疏漏和不妥之处，恳请各位专家和读者批评指正。

编　者

目　　录

第 1 章

EDA 技术概述

现场可编程门阵列(field-programmable gate array，FPGA)是在可编程阵列逻辑(PAL)、复杂可编程逻辑(CPLD)等可编程器件的基础上进一步发展的产物。它是作为专用集成电路(ASIC)领域中的一种半定制电路出现的，既解决了定制电路的不足，又克服了原有可编程器件门电路数有限的缺点。读者可以带着以下问题了解本章内容。

(1) EDA 技术与 ASIC 设计的主要区别有哪些？

(2) EDA 的特点是什么？

(3) EDA 的设计流程是什么？

1.1 EDA 产品的发展历程

每一个成功的新事物，从诞生到发展壮大都不可避免地经历过艰难的历程，并有可能成为被研究的案例，EDA 也不例外。

1985 年，当全球首款 FPGA 产品——XC2064 诞生时，注定要使用大量芯片的 PC 刚刚走出硅谷的实验室进入商业市场，因特网只是科学家和政府机构通信的神秘链路，无线电话笨重得像砖头，日后大红大紫的比尔·盖茨(Bill Gates)正在为生计而奋斗，创新的可编程产品似乎并没有什么用武之地。

事实也的确如此。最初，FPGA 只是用于胶合逻辑(glue logic)，从胶合逻辑到算法逻辑再到数字信号处理、高速串行收发器和嵌入式处理器，EDA 真正地从配角变成了主角。在以闪电般速度发展的半导体产业里，22 年足够改变一切。"在未来 10 年内每一个电子设备都将有一个可编程逻辑芯片"的理想已经成为现实。

1985 年，赛灵思(Xilinx)公司推出的全球第一款 FPGA 产品 XC2064 怎么看都像一只"丑小鸭"——采用 2 μm 工艺，包含 64 个逻辑模块和 85 000 个晶体管，门数量不超过 1000个。22 年后的 2007 年，EDA 业界双雄 Xilinx 和阿尔特拉(Altera)公司纷纷推出了采用最新65 nm 工艺的 FPGA 产品，其门数量已经达到千万级，晶体管个数更是超过 10 亿个。一路走来，EDA 在不断地紧跟并推动着半导体工艺的进步：2001 年采用 150 nm 工艺、2002 年采用 130 nm 工艺、2003 年采用 90 nm 工艺、2006 年采用 65 nm 工艺……

在 20 世纪 80 年代中期，可编程器件从任何意义上来说都不是当时的主流，尽管其并非一个新的概念。可编程逻辑阵列(PLA)在 1970 年左右就出现了，但是一直被认为速度慢，难以使用。1980 年之后，可配置可编程阵列逻辑(PAL)开始出现，可以使用原始的软件工具提供有限的触发器和查找表实现能力。PAL 被视为小规模/中等规模集成胶合逻辑的替代选择被逐步接受，但是，在当时可编程能力对于大多数人来说仍然是陌生和具有风险的。20世纪 80 年代在"mega PAL"方面的尝试使这一情况更加严重，因为"mega PAL"在功耗和工艺扩展方面有严重的缺陷，限制了它的广泛应用。

然而，Xilinx 公司创始人之一——FPGA 的发明者 Ross Freeman 认为，对于许多应用来说，如果实施得当，灵活性和可定制能力都是具有吸引力的特性。也许最初只能用于原型设计，但是未来可能代替更广泛意义上的定制芯片。事实上，正如 Xilinx 公司亚太区营销董事郑某某所言，随着技术的不断发展，EDA 由配角成为主角，很多系统设计都是以 EDA为中心来设计的。EDA 走过了从初期开发应用到限量生产应用再到大批量生产应用的发展历程。从技术上来说，最初只是逻辑器件，现在强调平台概念，加入数字信号处理、嵌入式处理、高速串行和其他高端技术，从而被应用到更多的领域。20 世纪 90 年代以来的 20年间，PLD 产品的终极目标一直瞄准速度、成本和密度这 3 个指标，即构建容量更大、速度更快和价格更低的 EDA，让客户能直接享用，爱特(Actel)公司总裁兼首席执行官 John East如此总结可编程逻辑产业的发展脉络。

当 1991 年 Xilinx 公司推出其第三代 FPGA 产品——XC4000 系列时，人们开始认真考虑可编程技术了。XC4003 包含 44 万个晶体管，采用 0.7 μm 工艺，EDA 开始被制造商认为是可以用于制造工艺开发测试过程的良好工具。事实证明，EDA 可为制造工业提供优异的测试能力，它开始用于代替原先存储器所扮演的用来验证每一代新工艺的角色。也许从那时起，向最新制程半导体工艺的转变就已经不可阻挡了。最新工艺的采用为 EDA 产业的发展提供了机遇。

Actel 公司相信，Flash 将继续成为 EDA 产业中重要的一个增长领域。Flash 技术有其独特之处，能将非易失性和可重编程性集于单芯片解决方案中，因此能提供高成本效益，而且在抢占庞大的市场份额中处于有利的位置。Actel 以 Flash 技术为基础的低功耗 IGLOO 系列、低成本的 ProASIC3 系列和混合信号 Fusion FPGA 将因具备 Flash 的固有优势而继续引起全球广泛的注意和兴趣。

Altera 公司估计可编程逻辑器件市场在 2006 年的规模大概为 37 亿美元，Xilinx 公司的规模可能更为乐观一些，为 50 亿美元。虽然两家公司合计占据该市场 90%的市场份额，但是作为业界老大的 Xilinx 公司在 2006 年的营业收入为 18.4 亿美元，Altera 公司则为 12.9 亿美元。可编程逻辑器件(PLD)市场在 2000 年达到 41 亿美元，其后两年出现了下滑，2002 年大约为 23 亿美元。虽然从 2002 年到 2006 年，PLD 市场每年都在增长，复合平均增长率接近 13%，但是 PLD 市场终究是一个规模较小的市场。而 Xilinx 公司也敏锐地意识到，EDA 产业在经历了过去几年的快速成长后将放慢前进的脚步，那么未来 EDA 产业的出路在哪里？

Altera 公司总裁兼首席执行官 John Daane 认为，EDA 及 PLD 产业发展的最大机遇是替代专用集成电路(ASIC)和专用标准产品(ASSP)，主要由 ASIC 和 ASSP 构成的数字逻辑市场规模大约为 350 亿美元。用户可以迅速对 PLD 进行编程，按照需求实现特殊功能，与 ASIC 和 ASSP 相比，PLD 在灵活性、开发成本以及产品及时推向市场方面更具优势。然而，PLD 通常比这些替代方案有更高的成本结构。因此，PLD 更适合对产品及时推向市场有较大需求的应用，以及产量较低的最终应用。PLD 技术和半导体制造技术的进步，从总体上缩小了 PLD 和固定芯片方案的相对成本差，在以前由 ASIC 和 ASSP 占据的市场上，Altera 公司已经成功地提高了 PLD 的销售份额，并且今后将继续这一趋势。"EDA 和 PLD 供应商的关键目标不是简单地增加更多的原型客户，而是向大批量应用最终市场和客户渗透。"John Daane 为 EDA 产业指明了方向。

1.2　EDA 技术与 ASIC 设计

集成电路(IC)的种类繁多，从完成简单的逻辑功能 IC 到完成复杂系统功能的系统芯片。我们感兴趣的两类芯片是 PLD 和 ASIC，其中可编程逻辑器件按其规模可划分为低密度可编程逻辑器件和高密度可编程逻辑器件。EDA 技术的一个重要应用是 ASIC。

与通用的 IC 不同的是，ASIC 是为用户定制的芯片，需要经过 ASIC 厂家生产，它可以完成非常复杂的系统功能，芯片的规模也可以非常大。与通用集成电路相比，ASIC 在构成电子系统时具有以下几个方面的优越性。

(1) 缩小系统的体积，减轻系统重量，降低系统功耗和提高系统性能。

(2) 提高可靠性，用 ASIC 芯片进行系统集成后，外部连线减少，因而可靠性明显提高。

(3) 可增强保密性，电子产品中的 ASIC 芯片对用户来说相当于一个"黑匣子"，难以仿造。

(4) 在大批量应用时，可显著降低成本。

PLD 也可以根据用户的需要完成特殊的功能，其中低密度可编程逻辑器件只能完成简单的逻辑功能，而高密度可编程逻辑器件如 CPLD 和 FPGA 则可以实现非常复杂的系统功能。与 ASIC 不同的是，PLD 可在市面上直接购买，其实现功能可以在现场进行修改，而 ASIC 一旦生产就不能修改了。EDA 的主要用途有两个方面。

(1) 作为 ASIC 设计的快速原型系统。生产 ASIC 的费用非常昂贵，这其中包含了两项费用，一是设计 ASIC 的工具费用，二是 ASIC 中不可回归的工程费用，即通常所说的 NRE (non-recurring engineering)费用。正如前文所述，一旦 ASIC 生产就不能修改，设计中的任何微小错误，都可能导致 ASIC 的失败，如果修改后重新投片，需要向 ASIC 厂家再支付一笔 NRE 费用。因此，许多 ASIC 设计人员在流片之前，先用 EDA 系统验证 ASIC 设计。与流片费用相比，购买 EDA 的价格要低得多。另外，如果购买了某个厂家的 EDA，EDA 的供应商会提供相应的开发系统。从经济角度讲，EDA 的开发费用要小得多。但是，如果 ASIC 用量非常大，NRE 费用平摊到每个芯片上时，ASIC 单片价格就比购买 EDA 的价格要低，因此，在大批量使用时，还是考虑用 ASIC。

(2) 验证新算法的物理实现。在很多应用场合，设计人员提出一些新的算法，为了验证算法的硬件可实现性和正确性，通常也用 EDA 作为实现的一种载体。

随着半导体工艺的进步，EDA 厂家也在生产一些比较廉价的 EDA 产品，因此在使用数量不多时，也可以考虑购买 EDA 产品而不用 ASIC。此外，电子产品更新换代的速度加快，许多产品为了快速占领市场也在大量使用 EDA 产品。

EDA 和 CPLD 都是由可编程的逻辑单元、I/O 块和互联 3 个部分组成。I/O 块功能基本相同，而其他两个部分则有所区别。

除了 Actel 的 EDA 外，其他的 EDA 和 CPLD 的逻辑单元的结构由与阵列、或阵列和可配置的输出宏单元组成。EDA 的逻辑单元是小单元，每个单元只有 1~2 个触发器，其输入变量通常只有几个，采用查表的结构。这样的结构占用的芯片面积小、速度高，每个 EDA 的芯片上能集成的单元数目多，但是每个逻辑单元实现的功能少，因此，把 EDA 也称为细粒度结构。实现一个复杂的逻辑函数时，需要用到多个逻辑单元，从输入到输出的时延大，互联关系比较复杂。

CPLD 的逻辑单元是大单元，通常其输入变量的数目可达 20~28 个，称之为粗粒度结构。因为变量多，所以只能采用 PAL 结构。这样一个单元内可以实现复杂的逻辑功能，因此实现复杂的逻辑函数时，CPLD 的互联关系比较简单，一般通过总线就可以实现互联。CPLD 的大单元使用的互联矩阵，总线上任意一对输入端之间的延时相等，因此，其延时是可预测的。而 EDA 的小单元使用直接连接、长线连接和分段连接等不同类型的互联，互联结构复杂，延时不易确定。

在 EDA 和 CPLD 之间进行选择，主要还是取决于设计项目的需要。表 1-1 对 EDA 和 CPLD 的一些主要特性做了简要比较，以供参考。

表 1-1　EDA 和 CPLD 的比较

主要特性	EDA	CPLD
结构	类似门阵	类似 PAL
速度	取决于应用	快、可预测
密度	中等到高	低等到中等
互联	路径选择	纵横
功耗	低	高

1.3　EDA 技术工作原理

EDA 技术采用了逻辑单元阵列(LCA)这一概念，内部包括可配置逻辑模块(CLB)、输入输出模块(IOB)和内部连线(interconnect)3 个部分。

1.3.1　EDA 技术的基本特点

(1) 采用 EDA 设计 ASIC 电路(特定用途集成电路)，用户不需要投片生产，就能得到适用的芯片。

(2) EDA 可做其他全定制或半定制 ASIC 电路的中试样片。

(3) EDA 内部有丰富的触发器和 I/O 引脚。

(4) EDA 是 ASIC 电路中设计周期最短、开发费用最低、风险最小的器件之一。

(5) EDA 采用高速 CHMOS 工艺，功耗低，可以与 CMOS、TTL 电平兼容。

可以说，EDA 芯片是小批量系统提高集成度、可靠性的最佳选择之一。

EDA 是由存放在片内 RAM 中的程序来设置其工作状态的，因此，工作时需要对片内的 RAM 进行编程。用户可以根据不同的配置模式，采用不同的编程方式。

加电时，EDA 芯片将 EPROM 中的数据读入片内编程 RAM 中，配置完成后，EDA 进入工作状态。掉电后，EDA 恢复成白片，内部逻辑关系消失，因此，EDA 能够反复使用。EDA 的编程无须专用的 EDA 编程器，只需通用的 EPROM、PROM 编程器即可。当需要修改 EDA 功能时，只需换一片 EPROM 即可。这样，同一片 EDA，不同的编程数据，可以产生不同的电路功能。因此，EDA 的使用非常灵活。

1.3.2　EDA 配置模式

EDA 有多种配置模式：并行主模式为一片 FPGA 加一片 EPROM 的方式；主从模式可以支持一片 PROM 编程多片 FPGA；串行模式可以采用串行 PROM 编程 FPGA；外设模式可以将 EDA 作为微处理器的外设，由微处理器对其编程。

如何实现快速的时序收敛、降低功耗和成本、优化时钟管理并降低 EDA 与 PCB 并行设计的复杂性等问题，一直是采用 EDA 的系统设计工程师需要考虑的关键问题。如今，随着 EDA 向更高密度、更大容量、更低功耗和集成更多 IP 的方向发展，系统设计工程师在从这些优异性能获益的同时，不得不面对 EDA 前所未有的性能和能力水平而带来的新的设计挑战。

例如，领先 EDA 厂商 Xilinx 推出的 Virtex-5 系列采用 65 nm 工艺，可提供高达 33 万个逻辑单元、1200 个 I/O 和大量硬 IP 块。超大容量和密度使复杂的布线变得更加不可预测，由此带来更严重的时序收敛问题。此外，针对不同应用集成的更多数量的逻辑功能、DSP、嵌入式处理和接口模块，也让时钟管理和电压分配问题变得更加困难。

幸运的是，EDA 厂商、EDA 工具供应商通力合作以解决 65 nm EDA 独特的设计挑战。Synplicity 与 Xilinx 宣布成立超大容量时序收敛联合工作小组，旨在最大限度地帮助系统设计工程师以更快、更高效的方式应用 65 nm EDA 器件。设计软件供应商 Magma 推出的综合工具 Blast EDA 能建立优化的布局，加快时序收敛。

目前，EDA 的配置方式已经多元化。

1.4 EDA 设计流程与设计方法

基于 EDA 设计是指用 EDA 器件作为载体，借助 EDA 软件工具，实现有限功能的数字系统设计，EDA 的设计过程就是从系统功能到具体实现之间若干次变换的过程。EDA 设计需要按照一定的设计流程进行，在流程的某些环节需要遵循一定的原则和规定。为了对基于 EDA 设计有一个粗略的认识，这里简要介绍一下通用的 EDA 设计流程，如图 1-1 所示。

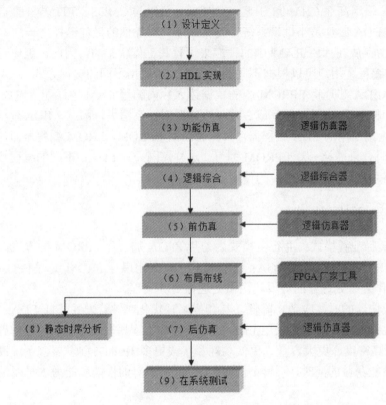

图 1-1 EDA 设计流程

图 1-1 的说明如下。

(1) 逻辑仿真器主要指 ModelSim、Verilog-XL 等。

(2) 逻辑综合器主要指 LeonardoSpectrum、Synplify、FPGA Express/FPGA Compiler 等。

(3) FPGA 厂家工具是指如 Altera 的 Max+Plus Ⅱ、Quartus Ⅱ，Xilinx 的 Foundation、Alliance、ISE 4.1 等。

1.4.1 关键步骤的实现

1. 功能仿真

功能仿真的流程如图 1-2 所示。其中，"调用模块的行为仿真模型"是指 RTL 代码中引用的由厂家提供的宏模块/IP，如 Altera 提供的 LPM 库中的乘法器、存储器等部件的行为模型。

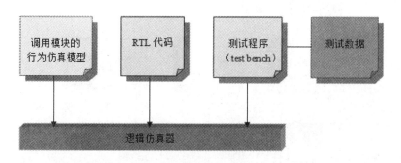

图 1-2　功能仿真流程图

2. 逻辑综合

逻辑综合的流程如图 1-3 所示。其中"调用模块的黑盒子接口"的导入，是由于 RTL 代码调用了一些外部模块，而这些外部模块不能被综合或无须综合，但逻辑综合器需要其接口的定义来检查逻辑并保留这些模块的接口。

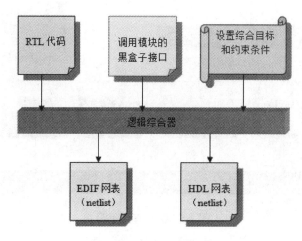

图 1-3　逻辑综合流程图

3. 前仿真

一般来说，对 FPGA 设计这一步可以跳过不做，但可用于调试综合后有无问题。

4. 布局布线

布局布线的流程如图 1-4 所示。

5. 后仿真

后仿真的流程如图 1-5 所示。

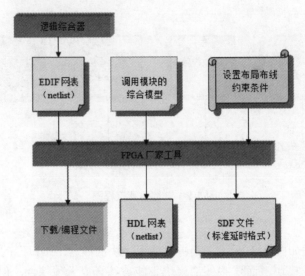

图 1-4　布局布线流程图

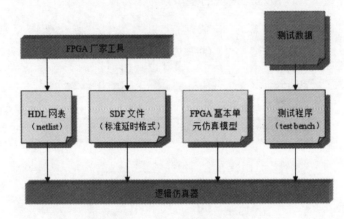

图 1-5　后仿真流程图

1.4.2　自顶向下和自底向上

随着微电子技术的快速发展，深亚微米的工艺可以使一个芯片上集成数以千万乃至上亿只晶体管，单片上就可以实现复杂系统，即所谓的片上系统。在这种情况下，传统的自底向上的设计方法学已经不可能适应当代的设计要求，而自顶向下的设计方法学已经成为设计界的主流设计方法学。

在 EDA 工具出现以前，人们采用自底向上的设计方法设计集成电路。在这种设计方法学中，功能设计是自顶向下的，即提出所设计电路要完成的功能，然后进行行为级描述、RTL 级设计、逻辑设计和版图设计。具体的实现过程则正好相反，从最底层的版图开始，然后是逻辑设计，直到完成所设计电路的功能。

这种设计方法的缺点是效率低、设计周期长、设计质量难以保证，适用于小规模电路设计。

自顶向下的设计方法学是和 EDA 工具同步发展起来的，借助 EDA 工具可以实现从高层次到低层次的变换，无论是功能设计还是具体实现都是自顶向下的。EDA 设计流程就是典型的自顶向下设计方法学(见图 1-1)的一个体现。在这个设计流程中，设计人员从制定系统的规范开始，依次进行系统级设计和验证、模块级设计和验证、设计综合和验证、布局布线和时序验证，最终在载体上实现所设计的系统。

自顶向下的设计方法学的优点是显而易见的，在整个设计过程中，借助 EDA 仿真工具可以及时发现每个设计环节的错误，进行修正，最大限度地避免把错误带入后续的设计环节中。另外，在自顶向下的设计方法学中用硬件描述语言作为设计输入，改变了传统的电路设计方法，是 EDA 技术的一次巨大进步。自顶向下的设计方法可以在系统级、行为级、寄存器传输级、逻辑级和开关级 5 个不同的抽象层次描述一个设计，设计人员可以在较高的层次寄存器传输级描述设计，不必在门级原理图层次上描述电路。由于摆脱了门级电路实现细节的束缚，设计人员可以把精力集中于系统的设计与实现的方案上，一旦方案成熟，就可以以较高层次描述的形式输入计算机，由 EDA 工具自动完成整个设计。这种方法大大缩短了产品的研制周期，极大地提高了设计效率和产品的可靠性。

1.4.3 基于 IP 核的设计

芯片的集成度变得越来越高，因此设计难度也越来越大，设计代价事实上主导了芯片的代价。如何提高设计效率、最大限度地缩短设计周期、使产品快速上市给设计人员提出了更高的要求。采用他人成功设计则是解决这个问题的有效方法。

所谓设计重用实际上包含两个方面的内容，即设计资料重用和生成可被他人重用的设计资料。前者通常称为 IP 重用(IP reuse)，而后者则涉及如何生成 IP 核。设计资料不仅包含一些物理功能和技术特性，而且包含了设计者的创造性思维，具有很强的知识内涵。这些资料也被称为具有知识产权的内核(intellectual property core)，简称 IP 核，它们通常实现比较复杂的功能，且经过验证，可以被设计人员直接采用。

一般来讲，IP 核有 3 种表现形式，即软核(soft-core)、硬核(hard-core)和固核(firm-core)。

(1) 软核。软核以硬件描述语言 Verilog 或 VHDL 语言代码的形式存在，软核功能的验证通常是通过时序模拟。软核不依赖于任何实现工艺或实现技术，具有很大的灵活性。设计者可以方便地将其映射到自己所使用的工艺上去，可重用性很高。

(2) 硬核。以集成电路版图(layout)的形式提交，并经过实际工艺流片验证。显然，硬核强烈地依赖于某一个特定的实现工艺，而且在具体的物理尺寸、物理形态及性能上具有不可更改性。

(3) 固核。处于软核和硬核之间的固核以电路网表(Netlist)的形式提交，并采用硬件进行验证。硬件验证的方式有很多种，比如，可以采用可编程器件(如 EDA、EPLD)进行验证、采用硬件仿真器(hardware emulator)进行验证等。

不同的 EDA 厂商在其不同的 EDA 系列中都具有嵌入式 IP 核，这些核可能是硬核(如锁相环)，也可能是可配置的软核。用户可以根据设计需求，直接使用这些 IP 核，借助这些 IP 核，用户可以加快设计进度、提高设计效率和设计可靠性。

1.5　主要 EDA 厂家

EDA 由于开发周期短、功能强、可靠性高和保密性好等特点广泛应用在各个领域。EDA 应用领域的不断扩大和半导体加工工艺的不断进步，都促使了 EDA 的快速发展，其中 Altera 和 Xilinx 公司的产品占到整个 EDA 市场的 80%。Actel 虽然规模较小，但是由于它提供了反熔丝 EDA，保密性和可靠性非常好，因此，在航空和军品领域占有很大的市场。

(1)　Altera 公司。世界上最大的 EDA 供应厂家之一，是结构化 ASIC 的首创者。其产品包括 EDA 系列、CPLD 系列和结构化 ASIC 系列。EDA 系列有 Stratix Ⅱ、Stratix、Cyclone Ⅱ、Cyclone、StratixGX、APEX Ⅱ、APEX 20K、Mercury、FLEX 10K、ACEX 1K、FLEX 6000；CPLD 系列有 MAX 7000、MAX 3000A 和 MAX 7000；结构化 ASIC 包括 Hardcopy Stratix 系列和 Hardcopy Flex 20K 系列。Altera 的开发集成环境是 Max+Plus Ⅱ 和 Quartus Ⅱ，其中 Quartus Ⅱ 是 Altera 最新推出的集成环境，可与第三方软件工具无缝对接，支持 Altera 所有产品的开发。

(2)　Xilinx 公司。Xilinx 公司是 EDA 的发明者。其产品种类较多，主要有 XC9500/4000、Coolrunner(XPLA3)、Spartan、Virtex 等系列。其中，2002 年推出 Virtex-Ⅱ Pro 系列是 Xilinx 公司自 1984 年发明 EDA 以来所推出的最重要的产品之一，支持芯片到芯片、板到板、机箱到机箱以及芯片到光纤应用，将可编程技术的使用模式从逻辑器件层次提升到系统级。Xilinx 的软件集成环境是 Foundation 和 ISE，其中 ISE 是最新推出的，将逐步取代 Foundation，另外，Xilinx 公司还提供免费的开发软件 IEWEBPACK，其功能比 ISE 少一些，可直接从网上下载。

(3)　Actel 公司。其产品包括反熔丝和 Flash 两类 EDA。其中，Flash 产品包括 ProASIC plus 和 ProASIC；基于反熔丝的产品包括 Axcelerator SX-A/SX EX 和 MX。Actel 的产品具有抗辐射、耐高低温、功耗低、速度快、保密性强等特点，因此被应用在军品和宇航等领域。Actel 软件集成环境是 Libero，集成了针对 EDA 结构开发 Syncity 软件，综合效率非常高。

(4)　Lattice-Vantis。Lattice 是 ISP(in-system programmability)技术的发明者，ISP 技术极大地促进了 PLD 产品的发展，其开发工具比 Altera 和 Xilinx 略逊一筹。中小规模 CPLD 比较有特色，大规模 CPLD 的竞争力还不够强(Lattice 没有基于查找表技术的大规模 EDA)，主要产品有 ispLSI2000/5000/8000、MACH4/5 等。

1.6　EDA 的应用

EDA 最初的应用领域也是传统的应用领域，即通信领域，但随着信息产业以及微电子技术的发展，EDA 的应用范围遍及航空航天、汽车、医疗、工业控制、人工智能等领域。下面简要介绍 EDA 的应用场合。

1. 视频图像处理领域

视频图像处理是多媒体领域中的热门技术，因为视频图像处理的数据量越来越大。基于这些大量的数据，可分为视频编解码和目标识别两大类。

视频编解码是从信道容量的角度考虑数据的传输带宽、如何压缩图像、采用什么样的算法等。目标识别主要是用来提取相关信息，如图像边缘提取，同时结合一些人工智能等方面的知识，相对来讲还是处在一个快速发展阶段，也是图像处理研究的前沿内容，同时也发挥着重要作用。

传统的视频图像处理采用 DSP 来完成，但随着移动目标检测与跟踪技术在机器人视觉、交通检测、机器导航等领域的应用，所需的算法对计算性能的要求已远远超出了传统 DSP 处理器的能力，EDA 就可以用作协处理器来承担性能关键的处理工作。与标准 DSP 处理器相比，EDA 构造的并行计算特性可支持更高的采样速率和更大的数据吞吐能力，同时计算功效也更高。Xilinx 和 Altera 公司还提供了专用的视频 IP 核组，以供视频监控系统中快速设计、仿真、实现以及验证视频和图像处理算法，其中包括设计用的基本基元和高级算法，大大缩短了硬件设计工程师的设计进程。

2. 通信领域

通信领域是 EDA 应用的传统领域，也一直是 EDA 应用和研究的热点。通信领域分为有线通信领域和无线通信领域。

(1) 有线通信，顾名思义，是借助线缆传送信号的通信方式。线缆可以是金属导线、光纤等有形介质传送方式，信号可以是声音、文字、图像等。

有线网络如火如荼地发展到今天，虽说已经比较成熟了，但是依然充满着很大的挑战和冲击。目前，家庭视频和高级商业服务业的快速发展对全球电信网络的带宽提出了更大的挑战。这一挑战始于网络接入边缘，并直接延伸到城域网络和核心网络。为了应对上述挑战，运营商正在追求包括 40 Gb/s SONET(OC-768 和 OTU3)以及 40 GE 以太网在内的更高端口速率。越来越多的运营商更是瞄准了 100 GE 端口速率。

商业和经济的发展形势迫切需要可扩展的、灵活的且高效益成本的技术解决方案，从而满足电信行业不断变化的需求和标准。为了应对这些变化，加快超高带宽系统的部署，有线通信设备生产商正在从传统的 ASIC 和 ASSP 芯片转向可编程硬件平台和 IP 解决方案。这就给了 EDA 很大的发展空间。

(2) 无线通信系统可以分为微波通信系统、无线电寻呼系统、蜂窝移动通信、无绳电话系统、集群无线通信系统、卫星通信系统、分组无线网等典型的通信系统，其中的移动通信技术在世界范围内获得了广泛的应用。

为了满足高数据率服务，有越来越大的宽带无线接入技术的需求显现，这就需要一个可以提供较宽的处理带宽，具有产品及时推向市场优势的灵活硬件平台来满足这些需求。EDA 在通信领域具有成熟性，因此，不管是哪个 EDA 厂商，对通信领域的 IP 支持都是非常丰富的。

3. 人工智能领域

人工智能需要大量的计算。越高级的人工智能需要的计算量越大，但是硬件消耗的能量却是越低越好。人工智能之间也会相互竞争，只有足够聪明而且消耗能量更少的人工智能最终会走出实验室进入市场。EDA 能很好地满足计算量和低功耗的要求，成为人工智能的大脑。

现在流行的人工智能(AI)模型基本上都是由人工神经网络构成。这些人工神经网络运行起来都需要庞大的计算。例如,一个简单的 4 输入 3 输出的神经网络模型,每运行一次需要超过 18 次乘法和加法运算。

对于这些庞大的计算,传统计算机的 CPU 架构已经很难满足要求,很多 AI 计算都会使用 GPU 来加速。GPU 的设计加快了 3D 图像的处理,AI 不必像 CPU 那样需要执行复杂的控制指令,而是可以把大部分硬件资源用于计算,所以 AI 的计算能力要远高于集成度相当的 CPU。虽然 GPU 运算能力很强,但是它的功耗非常大,比较适合在实验室里训练 AI。一旦 AI 模型训练好,需要在移动设备上运行,那么 EDA 无疑是非常好的选择。EDA 速度快、功耗低的特点非常适合 AI 的处理,因此在人工智能领域 EDA 得到了广泛的应用。

除了前文所述的一些应用领域外,EDA 在其他领域同样具有广泛的应用。

(1) 汽车电子领域,如网关控制器/车用 PC、远程信息处理系统。

(2) 军事领域,如安全通信、雷达和声呐、电子战。

(3) 测试和测量领域,如通信测试和监测、半导体自动测试设备、通用仪表。

(4) 消费产品领域,如显示器、投影仪、数字电视和机顶盒、家庭网络。

(5) 医疗领域,如软件无线电、电疗、生命科学。

1.7　EDA 技术

EDA 技术是指以计算机为基本工作平台完成电子系统自动设计的技术。EDA 工具是融合了图形学、电子学、计算机科学、拓扑学、逻辑学和优化理论等多学科的研究成果而开发的软件系统。借助 EDA 工具,电子设计工程师可以利用计算机完成包括产品规范定义、电路设计和验证、性能分析、IC 版图或 PCB 版图在内的整个电子产品的开发过程。EDA 工具的发展极大地改变了电子产品设计方法、验证方法、设计手段,大幅度提高了电子产品的设计效率和可靠性。

EDA 工具最早出现于 20 世纪 70 年代初,那时的集成电路也刚出现不久。当时的集成电路(IC)比较简单,只能完成简单的逻辑功能。这些 IC 从设计到最后版图的整个过程都是通过手工设计完成的。最大的问题就是人们无法对非线性元件的行为进行精确的预测。因此,在设计规模增大后,往往是第一个原型芯片不能很好地工作,需要对设计进行多次修改,直到设计出的 IC 完全符合要求为止。为了解决这个问题,加州伯克利大学推出了计算机仿真程序 SPICE,这个程序可以说是 EDA 技术的基础。SPICE 是非常重要的仿真工具,现在还是模拟电路设计中不可缺少的工具之一。SPICE 的出现极大地提高了电路设计效率,它可以仿真包括非线性元件在内的电路网络,并可预测电路随时间变化的频率特性。

CAD 工具最初是为机械和结构工程而开发的,但是很快人们便发现这些工具可用于任意的几何设计。利用 CAD 工具,设计人员可以方便地输入、修改和存储多边形数据,然后通过机械光系统或电子束将这些多边形数据转换成物理图像(即所谓的掩模)。

20 世纪 70 年代,除了仿真工具外,其他比较重要的 EDA 工具是用于检查版图几何尺寸的设计规则检验(DRC)工具和版图参数提取工具,这些物理设计工具的出现将设计人员从烦琐而费时的后端设计中解放出来,极大地提高了 IC 设计的效率。

20 世纪 80 年代,半导体技术发展很快,已经可以在一个芯片上集成上万门电路,20

世纪 70 年代的 EDA 工具已不能适应这么大规模的 IC 设计。幸运的是这个时期的计算机技术也有很大的发展，高性能的工作站和软件图形界面开发为 EDA 工具的发展奠定了很好的基础。这个阶段的主要 EDA 工具如下。

1. 原理图编辑器

最初人们用网表描述一个设计，网表中包含一个设计所有的元件和元件之间的互联关系。网表的数据量小又包含了设计的所有信息，因此非常适合存储，但是网表描述形式不利于设计人员对电路的理解。20 世纪 80 年代推出了原理图编辑器，这款编辑器直观、易于理解，一经推出便受到了设计人员的欢迎。

2. 自动布局布线工具

自动布局布线工具是自动确定芯片上元件的位置和元件之间互联的工具，该工具的出现极大地提高了布线的效率。

3. 逻辑仿真工具

逻辑仿真工具将信号离散化，内建延时模型，根据电路自动计算出延时，其仿真速度远远高于 SPICE。

这个时期的其他 EDA 工具包括逻辑综合工具(允许用户将网表映射到不同的工艺库中)、印制电路板布图等工具，使得设计自动化的程度进一步提高，实现从设计输入到版图输出的全设计流程的自动化。

20 世纪 80 年代，一些研究人员提出从设计描述开始，如布尔表达式或寄存器传输级的描述，自动完成集成电路设计过程中的所有步骤，直到最后生成版图的设想。少数的几所大学在逻辑设计自动化的算法方面做了大量研究。但是这个设想一开始并没有取得很好的效果，直到在硬件描述语言标准化之后，一些 EDA 厂家在这些描述语言如 Verilog 和 VHDL 语言基础上开发了实现设计自动变换(即从设计输入到网表变换)的逻辑综合工具，才真正实现了这个目标。

目前，比较成功的 IC 综合工具是 Synopsys 公司的设计编译器(DC)，早期的 DC 综合电路性能并不是非常优化，还存在不少缺点，综合效率也比较低。经过不断改进，DC 目前已经普遍被工业界接受，主要原因是 20 世纪 90 年代中后期，各个高校开设了 Verilog 和 VHDL 语言的课程，新一代的设计工程师习惯用语言而不是电路图描述电路，另一个原因是半导体工艺快速发展，设计规模变得非常大，功能也非常复杂，传统的电路图的方法已经不可能适应当代的设计要求。自动综合工具的开发无疑是 EDA 工具历史上一次非常重要的革命，它彻底改变了人们的设计方法，极大地提高了设计效率。

随着 EDA 的迅速发展，针对具体 EDA 结构特点的综合工具也有不少推向市场，其中 Synplicity 就是一个典型的代表。Synplicity 是专门针对 EDA 的综合工具，它可以根据 EDA 的特点，产生最佳的综合效果，目前，已经有多家 EDA 厂家将该工具集成到其开发环境中。

除了综合工具外，验证工具也在 20 世纪 90 年代后得到了迅猛发展。系统建模工具、静态时序分析工具以及等价性检验、模型检验等形式化工具也成为设计工程师完成设计的重要辅助手段。

简言之，EDA 工具经过 40 多年的发展，已经成为硬件设计工程师必不可少的设计手段。随着各个学科的不断进步，EDA 工具将有更大的发展。

第 2 章

EDA 设计开发工具

本章将介绍 EDA 设计开发工具 ModelSim 及 Quartus II 的使用方法，ModelSim 主要用来实现对设计模块的仿真，Quartus II 主要用来实现完整的 EDA 设计流程。

2.1　ModelSim 软件使用方法

ModelSim 仿真工具是 Model 公司开发的。它支持 Verilog、VHDL 及其混合仿真，它可以将整个程序分步执行，使设计者直接看到整个程序下一步要执行的语句，而且在程序执行的任何步骤、任何时刻都可以查看任意变量的当前值，可以在 Dataflow 窗口中查看某一单元或模块的输入输出连续变化等，比 Quartus 自带的仿真器功能强大得多，是目前业界最通用的仿真器之一。

对于初学者而言，ModelSim 自带的教程是一个很好的选择，在 Help→SE PDF Documentation→Tutorial 里面，它从简单到复杂、从低级到高级详细地讲述了 ModelSim 各项功能的使用，简单易懂。但是它也存在缺点，它将里面所有示例的初期准备工作都放在了 example 文件夹里，直接将它们添加到 ModelSim 就可以使用，这是假设使用者对当前操作的前期准备工作都已经很熟悉，但初学者往往不知道如何做当前操作的前期准备工作。

2.1.1 ModelSim 软件安装

用户根据计算机操作系统的不同选择不同软件版本进行安装。例如，32 位操作系统选择 ModelSim-win32-10.2c-se.exe 软件；64 位操作系统选择 ModelSim-win64-10.2c-se.exe 软件进行安装。下面以 64 位操作系统为例讲解其安装步骤。

(1) 双击 ModelSim-win64-10.2c-se.exe 软件后出现图 2-1 所示界面。修改安装路径，路径修改完成后，单击 Next 按钮，选择 Full Product 安装。当出现 Install Hardware Security Key Driver 时单击"否"按钮；当出现 Add Modelsim To Path 时单击"是"按钮；当出现 ModelSim License Wizard 时单击 Close 按钮。

(2) License 生成。

(3) 修改系统的环境变量。右键单击桌面上的"我的电脑"图标，选择"属性"→"高级"→"环境变量"→"(用户变量)新建"命令。按图 2-2 所示输入内容。

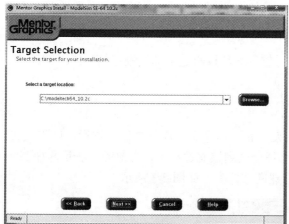

图 2-1 修改安装路径   图 2-2 环境变量

(4) 安装完毕后即可运行。

注意

① 计算机的用户名不能为中文。

② 安装路径不能出现中文和空格，只能由数字、英文字母和下划线"_"组成。

2.1.2 ModelSim 仿真方法

ModelSim 的仿真分为前仿真和后仿真，下面先具体介绍两者的区别。

1. 前仿真

前仿真也称为功能仿真，主旨在于验证电路的功能是否符合设计要求，其特点是不考虑电路门延迟与线延迟，主要是验证电路与理想情况是否一致。可综合代码是用 RTL 级代码语言描述的，其输入为 RTL 级代码与 Testbench。

2. 后仿真

后仿真也称为时序仿真或者布局布线后仿真，是指电路在映射到特定的工艺环境以后，综合考虑电路的路径延迟与门延迟的影响，验证电路能否在一定时序条件下满足设计构想的过程，是否存在时序违规。其输入文件为从布局布线结果中抽象出来的门级网表、Testbench 和扩展名为 SDO 或 SDF 的标准时延文件。SDO 或 SDF 的标准时延文件不仅包含门延迟，还包括实际布线延迟，能较好地反映芯片的实际工作情况。一般来说，后仿真是必选的，检查设计时序与实际运行情况是否一致，确保设计的可靠性和稳定性。选定了器件分配引脚后再做后仿真。

2.1.3 ModelSim 仿真步骤

ModelSim 的仿真主要有以下几个步骤。

(1) 建立库并映射库到物理目录。

(2) 编译源代码(包括 Testbench)。

(3) 执行仿真。

上述 3 个步骤是大的框架，前仿真和后仿真均是按照这个框架进行的，建立 ModelSim 工程对前、后仿真来说都不是必需的。

1. 建立库

在执行仿真前先建立一个单独的文件夹，后面的操作都在此文件下进行，以防止文件间的误操作。然后启动 ModelSim 将当前路径修改到该文件夹下，修改的方法是选择 File→Change Directory 菜单命令，再选中刚刚新建的文件夹，如图 2-3 所示。

图 2-3 新建文件夹

做前仿真时，推荐按上述操作建立新的文件夹。做后仿真时，在 Quartus II 工程文件夹下会出现一个文件夹：工程文件夹\simulation\ModelSim，前提是正确编译 Quartus II 工程。因此，不必再建立新的文件夹了。

仿真库用于存储已编译设计单元的目录，ModelSim 中有两种仿真库：一种是工作库，默认的库名为 work；另一种是资源库。work 库包含当前工程下所有已经编译过的文件。所以编译前一定要建一个 work 库，而且只能建一个 work 库。资源库存放 work 库中已经编译文件所要调用的资源，这样的资源可能有很多，它们被放在不同的资源库内。例如，想要对综合在 Cyclone 芯片中的设计做后仿真，就需要有一个名为 cyclone_ver 的资源库。

映射库用于将已经预编译好的文件所在的目录映射为 ModelSim 可识别的库，库内的文件应该是已经编译过的，在 Workspace 窗口内展开该库就能看见这些文件，如果是没有编译过的文件，在库内则是看不见的。

建立仿真库的方法有两种：一种方法是在用户界面模式下，选择 File→New→Library 菜单命令，弹出图 2-4 所示的对话框，选中 a new library and a logical mapping to it 单选按钮，在 Library Name 文本框内输入要创建库的名称，然后单击 OK 按钮，即可生成一个已经映射的新库；另一种方法是在 Transcript 窗口中输入以下命令：

```
vlib work
vmap work work
```

如果要删除某库，只需选中该库名，再单击右键选择 Delete 命令即可。注意，不要在 ModelSim 外部的系统盘内手动创建库或者添加文件到库里；也不要在 ModelSim 用到的路径名或文件名中使用汉字，ModelSim 可能会因无法识别汉字而导致莫名其妙的错误。

2. 编写与编译测试文件

在编写 Testbench 之前，最好先将要仿真的目标文件编译到工作库中，选择 Compile→Compile 菜单命令，将出现图 2-5 所示的对话框。

图 2-4　建立仿真库

图 2-5　编译目标文件

在 Library 下拉列表框中选择工作库，在"查找范围"下拉列表框中找到要仿真的目标文件(Library 选择刚才建立的库，"查找范围"选择目标文件所在的文件夹)，然后单击 Compile 和 Done 按钮，或在命令行中输入 vlog Counter.v。此时，目标文件已经编译到工作库中，在 Library 中展开 work 工作库会发现该文件。

当对要仿真的目标文件进行仿真时，需要给文件中的各个输入变量提供激励源，并对输入波形进行严格定义，这种对激励源定义的文件称为 Testbench，即测试台文件。下面介绍 Testbench 的产生方法。

方法一：可以在 ModelSim 内直接编写 Testbench，而且 ModelSim 还提供了常用的各种模板。具体步骤如下。

(1) 执行 File→New→Source→Verilog 菜单命令，或者直接单击工具栏上的"新建"图标，会出现 Verilog 文档编辑页面，在此文档内设计者即可编辑测试台文件。需要说明的是，在 Quartus Ⅱ 中许多不可综合的语句在此处都可以使用，而且 Testbench 只是一个激励源产生文件，只要对输入波形进行定义以及显示一些必要信息即可，切记不要编得过于复杂。

(2) ModelSim 提供了很多 Testbench 模板，直接使用可以减少工作量。在 Verilog 文档编辑页面的空白处右键单击 Show Language Templates，会弹出一个加载工程，接着在刚才的文档编辑窗口左边会弹出一个 Language Templates 列表框，如图 2-6 所示。

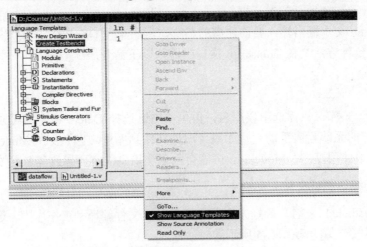

图 2-6　应用模板生成 Testbench 文件

双击 Language Templates 下的 Create Testbench 文件夹弹出一个创建向导，如图 2-7 所示。

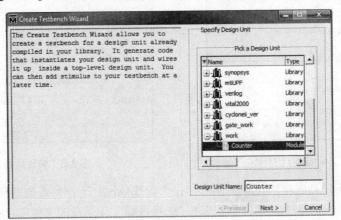

图 2-7　创建向导

在 Pick a Design Unit 列表框中，选择 work 工作库下的目标文件，单击 Next 按钮，弹出图 2-8 所示的对话框。

在该对话框中可以指定 Testbench 的名称以及要编译到的工作库等，此处使用默认设置，直接单击 Finish 按钮。此时，在 Testbench 内会出现对目标文件各个端口的定义，以及调用函数。接下来，设计者可以自己往 Testbench 内添加内容(有注释的为添加的内容)，如图 2-9 所示，然后保存为.v 格式文件即可。按照前面的方法把 Testbench 文件也编译到工作库中。

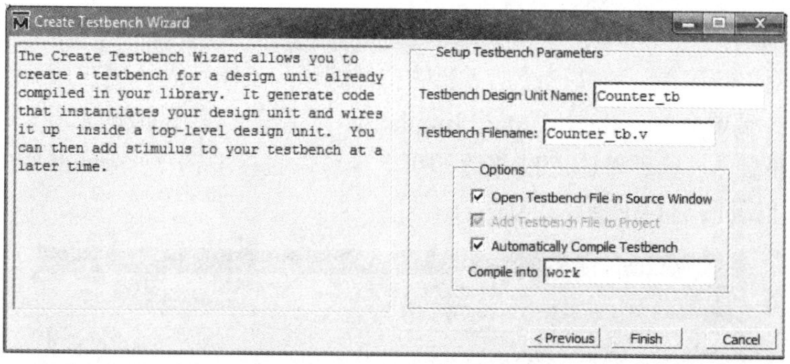

图 2-8 设置 Testbench 向导

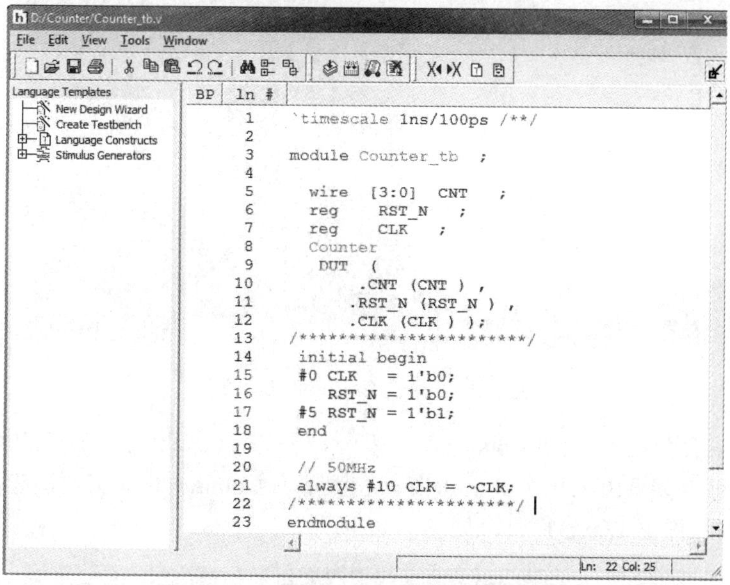

图 2-9 生成及修改后的 Testbench 文件

方法二：在 Quartus II 内编写并编译 Testbench 文件，之后将 Testbench 文件和目标文件放在同一个文件夹下，按照前文的方法把 Testbench 文件和目标文件都编译到工作库中。

如果在工作库中没有 Testbench 文件(在 Testbench 文件没有端口的情况下)，则在 Simulate→Start Simulate 卡片中去掉优化选项，如图 2-10 所示。之后再重新编译，即可在工作库中找到该文件。

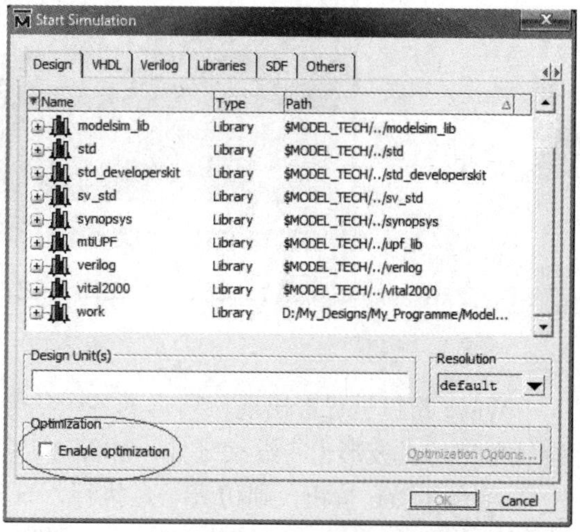

图 2-10 去掉优化选项

3. 执行仿真

仿真分为前仿真和后仿真，下面分别说明如何操作。

1) 前仿真

前仿真相对比较简单。前文已经把需要的文件编译到工作库内，现在只需选择 Simulate→ Start Simulation 菜单命令，会弹出 Start Simulation 对话框。在 Design 选项卡中选择 work 库下的 Testbench 文件，然后单击 OK 按钮即可，也可以直接双击 Testbench 中的 Counter_tb.v 文件，此时会出现图 2-11 所示的界面。

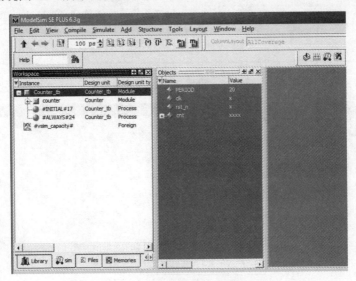

图 2-11　双击 Counter_tb.v 文件

在主界面中会弹出一个 Objects 窗口，里面显示 Testbench 文件定义的所有信号引脚，在 Workspace 里也会多出来一个 Sim 标签。右键单击 Counter_tb.v 文件，选择 Add→Add to Wave 菜单命令，弹出 Wave 窗口，如图 2-12 所示。

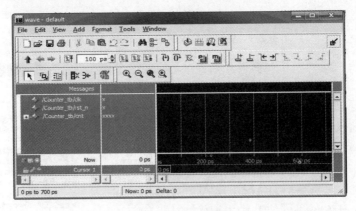

图 2-12　Wave 窗口

Wave 窗口里已经出现待仿真的各个信号，单击 Run 按钮，将开始执行仿真到 100 ns，继续单击仿真波形也将继续延伸，如图 2-13 所示。

若单击 Run 按钮，则仿真一直执行，直到单击 Stop 按钮才停止仿真。也可以在命令行中输入 run@1000 命令，则执行仿真到 1000 ns，后面的 1000 也可以是别的数值，设计者可以修改。在下一次运行该命令时将接着当前波形继续往后仿真。至此，前仿真步骤完成。

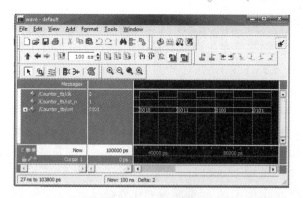

图 2-13　仿真波形

2)　后仿真

本书采用 Cyclone Ⅱ 做的 counter 例子。后仿真与前仿真的步骤大体相同，只是中间需要添加仿真库和所选器件以及所有 IP Core、网表和时延文件。

后仿真的前提是 Quartus 已经对要仿真的目标文件进行编译，并生成 ModelSim 仿真所需要的.vo 文件(网表文件)和.sdo 文件(时延文件)。具体操作过程有两种方法：一种是通过 Quartus 调用 ModelSim，Quartus 在编译之后自动把仿真需要的.vo 文件以及需要的仿真库加到 ModelSim 中，其操作较简单；另一种是手动将需要的文件和库加入 ModelSim 进行仿真，这种方法可以增加主观能动性，充分发挥 ModelSim 的强大仿真功能。

(1)　通过 Quartus 调用 ModelSim。

通过 Quartus 调用 ModelSim，首先要对 Quartus 进行设置。先运行 Quartus，打开要仿真的工程，单击菜单栏中的 Assignments 命令，再单击 EDA Tool Settings 命令，在弹出的对话框中选中左边 Category 列表框中的 Simulation 选项，在右边的 Tool name 下拉列表框中选择 ModelSim (Verilog)，再选中下面的 Run gate-level simulation automatically after compilation 复选框，如图 2-14 所示。

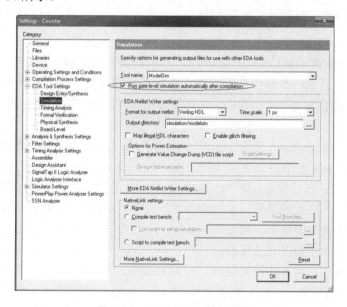

图 2-14　对 Quartus 进行设置

Quartus 中的工程准备好之后单击 Start Compilation 按钮，此时 ModelSim 会自动启动，而 Quartus 处于等待状态(前提是系统环境变量中用户变量的 PATH 要设置好 ModelSim 安装路径，如 D:\Modeltech_6.3\win32)。在打开的 ModelSim 的 Workspace 窗口中会发现多了工作库和资源库，而且 work 库中出现了需要仿真的文件。ModelSim 自动将 Quartus 生成的.vo 文件编译到 work 库，并建立相应的资源库，如图 2-15 所示。

观察库可以发现，多了 verilog_libs 库、gate_work 库和 work 库，gate_work 库是 Quartus Ⅱ 编译之后自动生成的，而 work 库是 ModelSim 默认库。仔细观察两者路径，两者路径相同，均为 gate_work 文件夹，可知 ModelSim 将 gate_work 库映射到 work 库。因此，在后续的工作中操作 gate_work 库或者 work 库都能得到正确结果。

编写测试平台程序 Counter_tb.v，放在生成的.vo 文件所在目录中，以方便在需要手动仿真时使用。单击 Compile 按钮，在弹出的对话框中选中 Counter_tb.v 文件，然后单击 Compile 按钮，编译结束后单击 Done 按钮，此时在 work 库中会出现测试台文件，如图 2-16 所示。

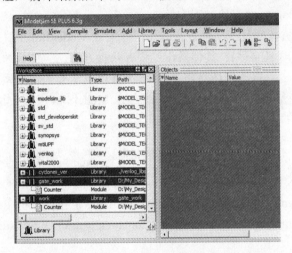

图 2-15 Quartus Ⅱ 编译之后自启动 ModelSim   图 2-16 编译测试文件

选择 Simulate→Start Simulation 菜单命令，会出现 Start Simulation 对话框。在 Design 选项卡中，选择 work 库下的 Counter_tb.v 文件，然后切换到 Libraries 选项卡，在 Search Library 选项组中单击 Add 按钮，选择仿真所需要的资源库(如果不知道需要选择哪个库，可以先直接单击 Compile 按钮看出现的错误提示中所需要的库名，然后再重复上述步骤)，如图 2-17 所示。

再切换到 Start Simulation 对话框的 SDF 选项卡，单击 Add 按钮，在弹出的对话框的 SDF File 文本框内输入.sdo 文件(时延文件)路径。在 Apply To Region 文本框内有一个"/"，在"/"的前面输入测试台文件名，即"Counter_tb"，在它的后面输入测试台程序中调用被测试程序时给被测试程序起的名称，本例中为"DUT"，如图 2-18 所示，单击 OK 按钮的操作。观察波形的操作与前仿真步骤相同。

(2) 自动仿真和手动仿真的区别。

① 自动仿真。这种方法比较简单，因为 Quartus Ⅱ 调用 ModelSim，所以除自动生成 ModelSim 仿真所需要的.vo 文件(网表文件)和.sdo 文件(时延文件)外，还生成了 gate_work 文件夹、verilog_libs 文件夹。gate_work 文件夹(工作库或编译库)下存放了已编译的文件，

verilog_libs 文件夹下存放了仿真所需要的资源库，上例是 cycloneii_ver 库(文件夹)。

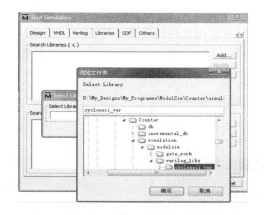

图 2-17　选择仿真所需要的资源库

图 2-18　添加.sdo 文件

②　手动仿真。手动仿真需要自己添加文件和编译库，但可以充分发挥 ModelSim 强大的仿真功能。操作时也要先对 Quartus 进行设置，其设置方法与前面相同，只是取消选中 Run gatelevel simulation automatically after Compilation 复选框。然后启动 ModelSim，将当前路径改到"工程文件夹\simulation\ModelSim"下，如图 2-19 所示。

相比自动仿真，这里少了一些库(实际是 verilog_libs 库、gate_work 库和 work 库)，因此下面要添加一个库。新建一个库，此处默认库名为"work"，此时"工程文件夹\simulation\ModelSim"下出现了一个 work 文件夹，work 库下面没有目标文件和测试文件，即 work 文件夹下没有任何文件，建库的目的就是将编译的文件都放在该库里，即放在该文件夹下。编译之前，还需要添加仿真所需要的资源库 cycloneii_atoms(用到 EP2C8)，将 D:\altera\90\Quartus\eda\sim_lib 目录下的 cycloneii_atoms 文件复制到.vo 所在的目录，即"工程文件夹\simulation\ModelSim"下。如果按照自动仿真中的方法编写 Testbench 并同样放在.vo 所在的目录，这时选择 Compile→Compile 命令，将会弹出图 2-20 所示的对话框，将所选文件进行编译。

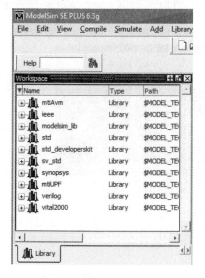

图 2-19　启动 ModelSim

图 2-20　编译所需文件和资源库

编译完成之后，work 工作库下多了很多文件，同样 work 文件夹下也多了很多文件(夹)，如图 2-20 所示，其中有 Counter_tb 测试文件和 counter 目标文件。选择 Simulate→Start Simulation 菜单命令，出现 Start Simulation 对话框。手动仿真和自动仿真相比，只有 Libraries 选项卡的 Search Library 选项组不一样，其余两项都一样。Libraries 选项卡中 Search Library 选项组的设置如图 2-21 所示。

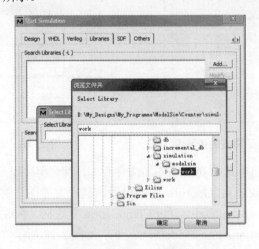

图 2-21　选择仿真所需要的资源库

2.1.4　ModelSim 仿真波形

1. 手动创建输入波形

对于复杂的设计文件，最好是自己编写 Testbench 文件，这样可以精确地定义各信号以及各个信号之间的依赖关系等，以提高仿真效率。

对于一些简单的设计文件，也可以在波形窗口中自己创建输入波形进行仿真。具体方法是：右击 work 库里的目标仿真文件 counter.v，然后选择 Create Wave 命令，弹出 Wave-Default 窗口，如图 2-22 所示。

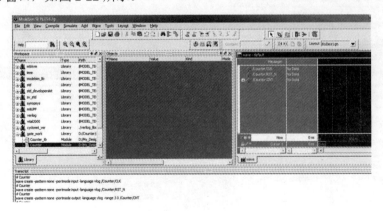

图 2-22　增加波形

在 Wave-Default 窗口中选中要创建波形的信号，如此例中的 CLK，然后右击，选择 Create→Modify→Wave 命令，弹出如图 2-23 所示的对话框。

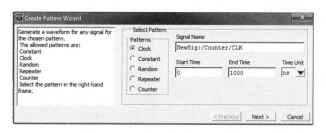

图 2-23　设置输入波形

在 Patterns 选项组中选择输入波形的类型，然后在其右侧分别设定起始时间、终止时间及单位，再单击 Next 按钮，弹出图 2-24 所示的对话框，将初始值修改为 0，然后修改时钟周期和占空比，最后单击 Finish 按钮，如图 2-24 所示。

接着继续添加其他输入波形，如图 2-25 所示。前面出现的红点表示该波形是可编辑的。后面的操作与用 Testbench 文本仿真的方法相同。

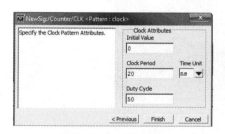

图 2-24　设置输入波形

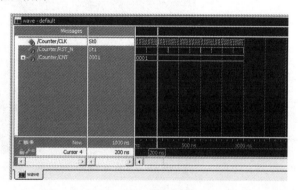

图 2-25　仿真波形

2. 观察特定信号波形

如果设计者只想查看指定信号的波形，可以先选中 Objects 对话框中要观察的信号，然后右击，选择 Add to Wave→Selected Signals 命令，如图 2-26 所示，在 Wave-Default 窗口中只添加选中的信号。

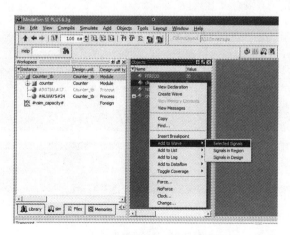

图 2-26　查看特定信号波形

3. 保存和导入波形文件

如果要保存波形窗口当前信号的分配，可以选择 File→Save 菜单命令，在弹出的对话框中设置保存路径及文件名，保存为.do 文件。

如果想导出自己创建的波形(后文有详细的解释)，可以选择 File→Export Waveform 菜单命令，在出现的对话框中选择 ECVD File 选项并进行相关设置即可。

如果导入设计的波形，则选择 File→Import ECVD 菜单命令即可。

4. dataflow 窗口中观察信号波形

在主界面中选择 View→Dataflow 菜单命令，可以打开 dataflow 窗口，在 Objects 窗口中拖动一个信号到该窗口中，在 dataflow 窗口中将出现选中信号所在的模块，双击模块的某一引脚，会出现与该引脚相连的其他的模块或者引线，如图 2-27 所示。

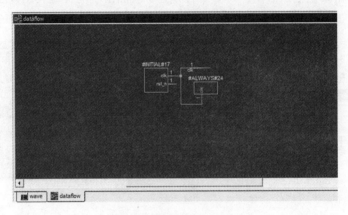

图 2-27　dataflow 窗口

在 dataflow 窗口中选择 View→Show Wave 菜单命令，会在 dataflow 窗口中弹出 Wave 窗口，双击 dataflow 窗口中的某一个模块，则在 Wave 窗口中出现与该模块相连的所有信号，如果已经执行过仿真，在 Wave 窗口中还会出现对应的波形，如图 2-28 所示。

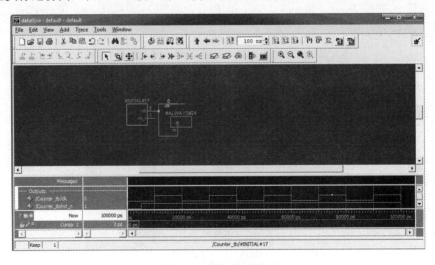

图 2-28　观察仿真波形

在波形窗口中拖动游标，上面模块的引脚信号的值也会随着游标当前位置的改变而改变。

如果要在 ModelSim 中修改原设计文件，在文档页面中右击，取消选中 Read Only，即可修改，修改后继续仿真。如果想结束仿真，可以选择 Simulate→End Simulation 菜单命令，或直接在命令行中输入 quit -sim，此时 Quartus 也会结束所有编译过程。

2.2　Quartus Ⅱ软件使用方法

Altera 公司的 Quartus Ⅱ 提供了完整的多平台设计环境，能满足各种特定设计的需要，是单芯片可编程系统(SOPC)设计的综合性环境和 SOPC 开发的基本设计工具，并为 Altera DSP 开发包进行系统模型设计提供了集成综合环境。Quartus Ⅱ 设计环境完全支持 VHDL、Verilog 的设计流程，其内部嵌有 VHDL、Verilog 逻辑综合器。Quartus Ⅱ 也具备仿真功能，此外，与 Matlab 和 DSP Builder 结合，可以进行基于 FPGA 的 DSP 系统开发，是 DSP 硬件系统实现的关键 EDA 工具。

本节将以一个简单的例子详细介绍 Quartus Ⅱ 的使用方法，包括设计输入、综合与适配、仿真测试、优化设计和编程下载等方法。

2.2.1　Quartus Ⅱ设计流程

Quartus Ⅱ的一般设计流程如图 2-29 所示，Quartus Ⅱ 支持多种设计输入方法，如原理图式图形设计输入、文本编辑、第三方工具等。

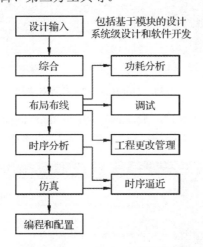

图 2-29　Quartus Ⅱ设计流程图

2.2.2　Quartus Ⅱ软件安装

根据用户计算机操作系统的不同选择不同的破解器。下面以 64 位操作系统为例讲解安装步骤。

(1) 双击 12.0_178_quartus_windows.exe，弹出图 2-30 所示的对话框，单击 Browse...按钮，选择路径(注意，路径不要有汉字和空格，后面所有路径与此相同)，然后单击 Install 按钮。

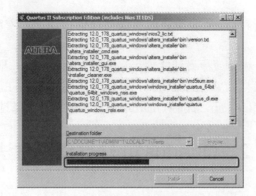

图 2-30　Quartus Ⅱ 安装路径

(2)　安装到图 2-31 所示步骤，显示安装所需空间和可用空间(若可用空间不够，应退出并重新选择安装路径)，若为 64 位系统，选中 Quartus Ⅱ saftware(64-bit)复选框，然后单击 Next 按钮。

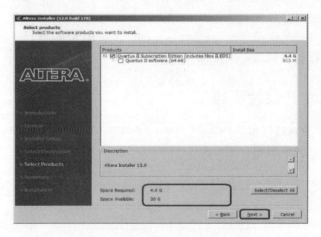

图 2-31　Quartus Ⅱ 安装所需空间

(3)　器件库安装。双击 12.0_178_devices_cyclone_max_legacy_windows.exe，弹出图 2-32 所示的对话框，单击 Browse 按钮，选择和第(1)步相同的路径，单击 Install 按钮。

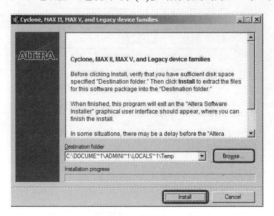

图 2-32　Quartus Ⅱ 器件库安装路径

2.2.3　USB-Blaster 驱动安装

在安装驱动之前，首先检查 USB-Blaster 驱动是否已经存在(在安装完 Quartus Ⅱ 12.0 后，驱动会出现在\Quartus Ⅱ 12.0 系统安装目录\drivers\usb-blaster 目录下)。

USB-Blaster 下载电缆的驱动仅在您第一次插入 PC 时，系统会弹出"发现新硬件"的安装向导(如果是同一台 PC，但是插入了其他 USB 端口，也有可能会出现"发现新硬件"的安装向导)，此时只需要按照下面的步骤进行安装便可。

(1)　用 USB 线一端插入 USB-Blaster 下载电缆，另一端插入 PC 的 USB 接口，此时在桌面右下角的任务栏中将会出现图 2-33 所示的"发现新硬件"的提示符。

图 2-33　系统提示发现新硬件

(2)　稍等片刻，系统会弹出"找到新的硬件向导"对话框。

(3)　选中"是，仅这一次(Y)"单选按钮，单击"下一步"按钮，如图 2-34 所示。

(4)　选中"从列表或指定位置安装(高级)(S)"单选按钮，单击"下一步"按钮，如图 2-35 所示。

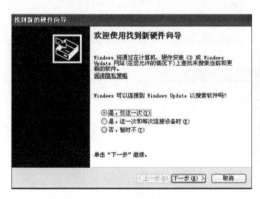

图 2-34　安装驱动第一步

图 2-35　安装驱动第二步

(5)　选中"在搜索中包括这个位置(O)"复选框，通过单击"浏览"按钮找到驱动程序所在位置(本例中以 Quartus Ⅱ 12.0 软件安装在 C 盘为例，相应的 USB 驱动就在 C:\altera\12.0\Quartus\drivers\usb-blaster\x32 目录中)。驱动目录指定后，单击"下一步"按钮，如图 2-36 所示。

(6)　此时，系统会安装驱动程序，稍等片刻，系统会弹出图 2-37 所示的提示对话框(由于该驱动程序未经过微软的徽标测试)，此时单击"仍然继续"按钮，继续安装驱动。

(7)　驱动安装结束后，系统会弹出图 2-38 所示的提示驱动安装完成的对话框，直接单击"完成"按钮，结束驱动安装。

(8)　打开"设备管理器"窗口查看硬件安装是否正确。正确安装 USB-Blaster 驱动后，会在"通用串行总线控制器"选项下出现 Altera USB-Blaster 的设备，如图 2-39 所示。

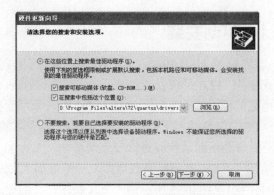

图 2-36　安装驱动第三步

图 2-37　安装驱动第四步

图 2-38　安装驱动第五步

图 2-39　查看安装的设备状况

注意

① USB 下载电缆是通用电缆。

② 严格按照"硬件连接"中提及的顺序进行操作。

③ 禁止在数据下载过程中拔掉 USB-Blaster 下载电缆。

④ USB-Blaster 下载电缆与目标板连接前，请确认板上 10 针插座的顺序与 USB-Blaster 下载电缆的 10 孔插头相一致，且供电电压等符合要求。

说明

① USB-Blaster 下载电缆插入 PC 的 USB 接口后，系统没有任何反应。请先插入其他 USB 设备(如 U 盘)到您的 PC，首先确认 USB 端口工作正常，也可将 USB-Blaster 下载电缆插入到别的 PC，以确认是否 USB-Blaster 下载电缆出现故障。

② 在 Quartus Ⅱ 的 Hardware Setup 中找不到 USB-Blaster 下载电缆。请检查 USB-Blaster 下载电缆连接是否正确，工作是否正常。在正常状态时，USB-Blaster 下载电缆上的 USB 指示灯应该常亮；如果闪烁或熄灭，则表示 USB 通信有误，请拔下后重新插入 USB-Blaster 下载电缆，直至 USB 状态指示灯显示正常。

③ 找不到目标器件。请首先用 ByteBlaster Ⅱ 或 ByteBlaster MV 电缆下载该器件，以证明目标板工作正常。

④ 下载数据不稳定，时对时错，有时甚至无法下载。请检查目标板是否有虚焊、系统是否短路和断路、系统电压是否稳定正常、电源纹波大小等。

2.2.4 Quartus Ⅱ设计步骤

1. 编辑设计文件

首先建立工作库目录，以便设计工程项目的存储。任何一项设计都是一项工程(Project)，都必须首先为此工程建立一个放置与此工程相关的所有文件的文件夹。此文件夹将被 EDA 软件默认为工作库(Work Library)。一般地，不同的设计项目最好放在不同的文件夹中，而同一工程的所有文件都必须放在同一文件夹中。在建立了文件夹后就可以通过 Quartus Ⅱ 的文本编辑器编辑设计文件，步骤如下。

(1) 新建一个文件夹。这里假设本项设计的文件夹命名为"CNT"，在 F 盘中，路径为 F:\CNT。

注意

① 文件夹名不能用中文，最好也不要用数字。

② 安装路径不能出现中文和空格，只能由数字、英文字母和下划线"_"组成。

(2) 输入源程序。打开 Quartus Ⅱ，选择菜单中的 File→New 命令，在 New 对话框的 Design Files 中选择编辑文件的语言类型，这里选择 Verilog HDL File，如图 2-40 所示。然后在 Verilog HDL 文本编辑窗口中输入图 2-41 所示的 4 位二进制计数器的 Verilog HDL 程序。

(3) 文件存盘。选择菜单中的 File→Save As 命令，找到要保存的文件夹 F:\CNT，文件名应与模块名保持一致，即 counter.vhd。当弹出图 2-42 所示的 Do you want to create a new project with this file?对话框时，若单击"是"按钮，则直接进入创建工程流程；若单击"否"按钮，则可以后再为该设计创建工程。如果保存文件时选中 Create new project based on this file 复选框，则不会出现该对话框。

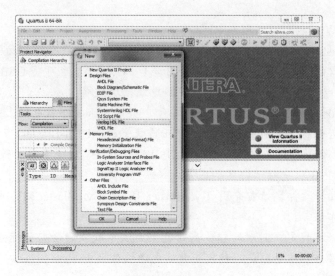

图 2-40　新建文件

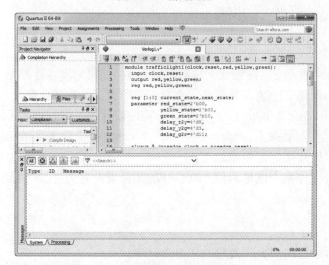

图 2-41　编辑输入设计文件

图 2-42　保存设计文件

2. 创建工程

在此要利用 New Project Wizard 工具选项创建此设计工程，即令 cnt10.vhd 为工程，并设定此工程的一些相关信息，如工程名、目标器件、综合器、仿真器等。详细步骤如下。

(1) 打开建立新工程管理窗口。选择菜单中的 File→New Project Wizard 命令，弹出工程设置对话框(见图 2-43)。其中第一行的 F:\CNT 表示工程所在的工作库文件夹；第二行的 cnt10 表示此项工程的工程名，此工程名可以取任何名字，一般直接用顶层文件的实体名作为工程名；第三行是顶层文件的实体名，这里即为 cnt10。

(2) 将设计文件加入工程，单击 Add All 按钮，如图 2-44 所示。

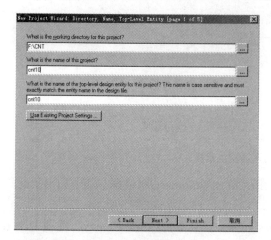

图 2-43 利用 New Project Wizard 创建工程 cnt10

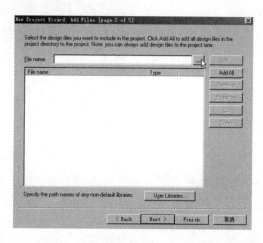

图 2-44 将相关文件加入工程

(3) 选择目标芯片。单击图 2-44 中的 Next 按钮。在 Family 下拉列表中选择 Cyclone 选项，在 Available devices 列表框中选择 EP1C12Q240C8 选项(器件较多时，也可以通过右侧的封装、引脚数、速度等条件来过滤选择)，如图 2-45 所示。

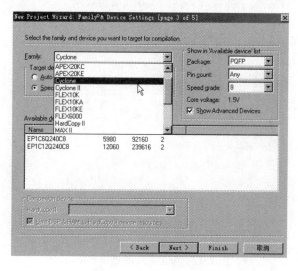

图 2-45 选择目标芯片

(4) 选择综合器和仿真器类型。单击图 2-45 中的 Next 按钮，这时弹出的对话框是选择仿真器和综合器类型，如果默认都不选择，表示用 Quartus II 中自带的仿真器和综合器。在此处保持默认设置，如图 2-46 所示。

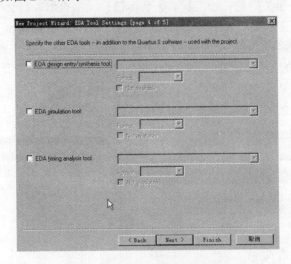

图 2-46　选择仿真器和综合器

(5) 结束设置。单击图 2-45 中的 Next 按钮，弹出 Summary 对话框，其中列出了此项工程相关的设置情况。单击 Finish 按钮，即设定好此工程，如图 2-47 所示。

建立工程后，可以使用 Settings 对话框(Assignments 菜单)的 Add/Removet 选项卡在工程中添加和删除、设计其他文件。如果现有的 Max+PLUS II 的工程，还可以使用 Convert Max+PLUS II Project 命令(File 菜单中的)将 Max+PLUS II 的分配与配置文件(acf)转换为 Quartus II 工程。

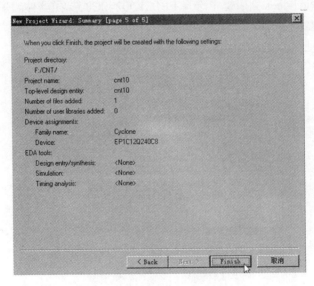

图 2-47　设置完成时的信息窗口

3. 编译前设置

在对工程进行编译处理前，必须做好必要的设置，步骤如下。

(1) 目标芯片选择。选择 Assignments 菜单中的 Device 命令(也可以选择 Assignments 菜单中的 Settings 命令，弹出对话框，选择 Category 列表框中的 Device 选项)，然后选择目标芯片[方法同创建工程中的第(3)步]，如图 2-48 所示。之后单击 Device & Pin Options 按钮，如图 2-49 所示，会弹出 Device & Pin Options 对话框，如图 2-50 所示。

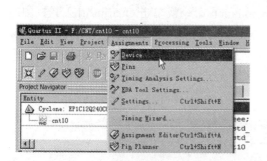

图 2-48 选择器件

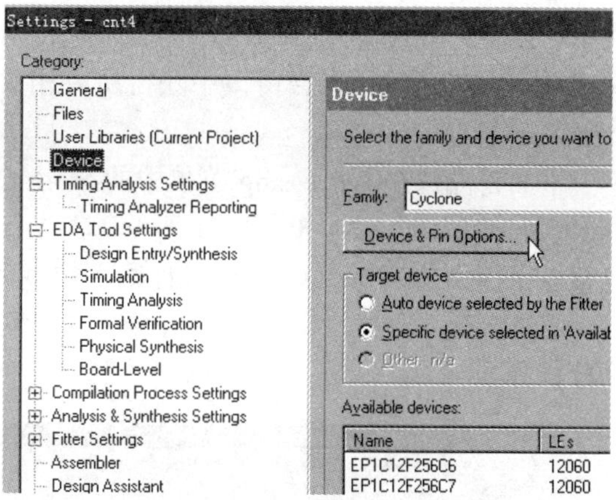

图 2-49 Settings 对话框

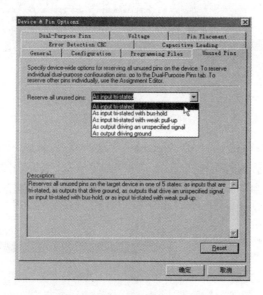

图 2-50 设置闲置引脚状态

(2) 选择目标器件闲置引脚的状态。在 Device & Pin Options 对话框中，切换到 Unused Pins 选项卡，设置目标器件闲置引脚的状态为输入状态(呈高阻态)。

4. 编译

Quartus Ⅱ编译器是由一系列处理模块构成的，这些模块负责对设计项目的检错、逻辑综合、结构综合、输出结果的编辑配置以及时序分析。在这一过程中将设计项目适配进 FPGA/CPLD 目标器件中，同时产生多种用途的输出文件，如功能和时序仿真文件、器件编程的目标文件等。编译器首先从工程设计文件间的层次结构描述中提取信息，包括每个低层次文件中的错误信息，供设计者排除，然后将这些层次构建产生一个结构化的以网表文件表达的电路原理图文件，并把各层次中所有的文件结合成一个数据包，以便更有效地处理。

在编译前，设计者可以通过各种不同的设置，指导编译器使用各种不同的综合和适配技术，以便提高设计项目的工作速度，优化器件的资源利用率。而且在编译过程中和编译完成后，可以从编译报告窗口中获得所有相关的详细编译结果，以利于设计者及时调整设计方案。

下面首先选择 Processing 菜单中的 Start Compilation 命令或单击 Quartus II 工具栏中的 Start Compilation 按钮，如图 2-51 所示，启动全程编译。注意，这里所谓的编译(Compilation)，包括以上提到的 Quartus II 对设计输入的多项处理操作，其中包括排错、数据网表文件提取、逻辑综合、适配、装配文件(仿真文件与编程配置文件)生成以及基于目标器件的工程时序分析等。

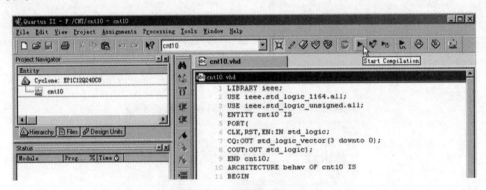

图 2-51　启动全程编译

如果工程中的文件有错误，在 Processing 选项卡中会显示出来(见图 2-52)。对于 Processing 选项卡中显示的语句格式错误，可双击此条文，即弹出对应的 VHDL 文件，在深色标记条处即为文件中的错误。修改后再次编译直至排除所有错误，直到出现图 2-53 所示界面，单击“确定”按钮即可。

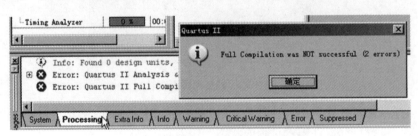

图 2-52　全程编译后出现报错信息

图 2-53　全程编译成功

编译结果包括以下一些内容。

(1) 阅读编译报告。编译成功后可以看到图 2-53 所示的界面。此界面左上角是工程管理窗口；在此栏下是编译处理流程，包括数据网表建立、逻辑综合、适配、配置文件装配和时序分析；最下面一栏是编译处理信息；右栏是编译报告，可以通过 Processing 菜单中的 Compilation Report 命令查看。

(2) 了解工程的时序报告。单击图 2-53 中间一栏的 Timing Analyses 项左侧的"+"号，可以看到相关信息。

(3) 了解硬件资源应用情况。单击图 2-53 中间一栏的 Flow Summary 项，可以查看硬件耗用统计报告；单击图 2-53 中间一栏的 Fitter 项左侧的"+"号，选择 Floorplan View 项，可以查看此工程在 PLD 器件中逻辑单元的分布情况和使用情况。

(4) 查看 RTL 电路。选择菜单 Tools→Netlist Viewers→RTL Viewer 命令，即可看到综合后的 RTL 电路图，如图 2-54 所示。

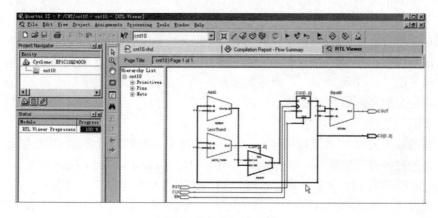

图 2-54　RTL 电路图

5. 仿真

仿真就是对设计项目进行全面彻底的测试，以确保设计项目的功能和时序特性，以及最后的硬件器件的功能与原设计相吻合。仿真可分为功能仿真和时序仿真。功能仿真只测试设计项目的逻辑行为，而时序仿真则既测试逻辑行为，也测试实际器件在最差条件下设计项目的真实运行情况。

仿真操作前必须利用 Quartus Ⅱ 波形编辑器建立一个矢量波形文件(VWF)作为仿真激励。VWF 文件将仿真输入矢量和仿真输出描述成为一波形的图形来实现仿真，但也可以将仿真激励矢量用文本表达，即文本方式的矢量文件(.vec)。

Quartus Ⅱ 允许对整个设计项目进行仿真测试，也可以对该设计中的任何子模块进行仿真测试。

对工程的编译通过后，必须对其功能和时序性质进行仿真，以了解设计结果是否满足原设计要求。

VWF 文件方式的仿真流程的详细步骤如下。

(1) 打开波形编辑器。选择 File→New 菜单命令，在弹出的 New 对话框中选择 Other Files 选项卡中的 Vector Waveform File 选项(见图 2-55)，单击 OK 按钮，即出现空白的波形编辑器。

(2) 设置仿真时间区域。为了使仿真时间轴设置在一个合理的时间区域，在 Edit 菜单中选择 End Time 命令，在弹出的对话框中的 Time 栏中输入 50，单位设置为"us"，即整个仿真域的时间设定为 50 μs，单击 OK 按钮，结束设置。

(3) 保存波形文件。选择 File→Save As 菜单命令，将名为 cnt10.vwf(默认名)的波形文件存入文件夹 F:\CNT 中。

图 2-55 新建矢量波形文件

(4) 输入信号节点。将计数器的端口信号选入波形编辑器中，方法是首先选择 Edit→Insert Node Or Bus 菜单命令，然后单击 Node Finder 列表按钮，在图 2-56 所示对话框的 Filter 下拉列表框中选择 Pins：all 选项，然后单击 List 按钮，则在下方的 Nodes Found 列表框中出现 Cnt10 工程的所有引脚名(如果此对话框中的 List 不显示，需要重新编译一次，然后再重复以上操作过程)。选择要插入的节点，可以单击"≥"或"≤"按钮逐个添加或删除节点，也可以单击">>"或"<<"按钮添加或删除所有节点，设置完毕后单击 OK 按钮。单击波形窗口左侧的全屏显示按钮，使波形全屏显示，然后单击放大或缩小按钮，使仿真坐标处于适当位置(见图 2-57)。

(5) 编辑输入波形(输入激励信号)。单击图 2-57 中的时钟信号名 clk，使之变成蓝色，再单击左侧的时钟设置按钮，在 Clock 对话框中设置 clk 的周期为 2 μs(见图 2-58)。其中的 Duty cycle 微调框是占空比，可以选 50，即占空比为 50% 的方波。单击 EN 和 RST 设置其波形，可以通过和按钮直接将信号设置为"0"或"1"，也可以按住鼠标左键在波形编辑区拖动选择某一段波形，将其值设置为"0"或"1"。对于总线数据，可以通过按钮设置其波形。

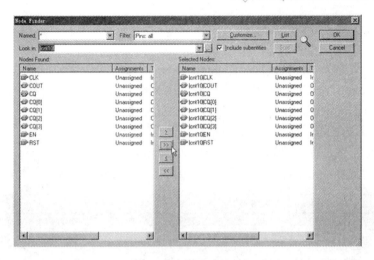

图 2-56　选择节点

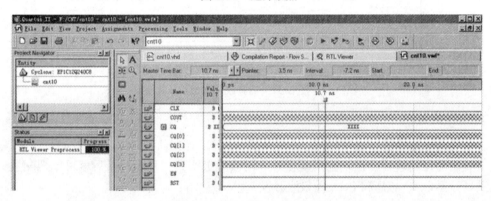

图 2-57　插入节点后的波形编辑器

(6) 仿真器参数设定。选择 Assignment→Settings 菜单命令，弹出 Settings 对话框，在 Category 列表框中选择 Simulator，在此项下可观察仿真的总体设置情况；在 Simulation mode 下拉列表框中确认仿真模式为时序仿真 Timing；确认选中 Simulation coverage reporting 复选框，设置毛刺检测 Glitch detection 为 1 ns 宽度，如图 2-59 所示。

图 2-58　设置时钟波形

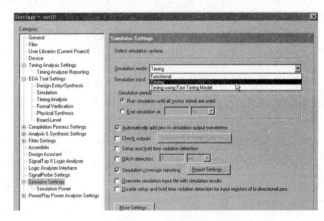

图 2-59　选择时序仿真

(7) 启动仿真器。选择 Processing→Start Simulation 菜单命令，操作直到出现图 2-60，仿真成功结束。

(8) 观察仿真结果。仿真波形文件 Simulation Report 通常会自动弹出(见图 2-61)。在 Quartus Ⅱ 中，波形编辑文件(*.vwf)与波形仿真报告文件(simulation report)是分开的，而 Max+Plus Ⅱ中波形编辑与仿真报告是合二为一的。如果在启动仿真后，没有出现

图 2-60　仿真成功

仿真完成后的波形图，而是出现文字 Can't open Simulation Report Window，但报告仿真成功，则可以通过选择 Processing→Simulation Report 菜单命令来打开仿真波形报告。

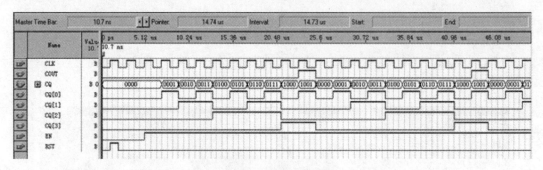

图 2-61　仿真波形输出

6. 引脚锁定

为了能对计数器进行硬件测试，应将计数器的输入输出信号锁定在芯片确定的引脚上。将引脚锁定后应再编译一次，把引脚信息一同编译进配置文件中，最后就可以把配置文件下载进目标器件中，完成 FPGA 的最终开发。

选择 GW48EDA 系统的电路模式 5，确定引脚分别为：

① 主频时钟 CLK 接 clock0(第 28 脚，可接在 4 Hz 上)；

② 计数使能 EN 接电路模式 5 的键 1(PIO0 对应第 233 脚)；

③ 复位 RST 接电路模式 5 的键 2(PIO1 对应第 234 脚)；

④ 溢出 COUT 接发光管 D1(PIO8 对应第 1 脚)；

⑤ 4 位输出总线 CQ[3..0]分别接 PIO19、PIO18、PIO17、PIO16(它们对应的引脚编号分别为 16、15、14、13)，可由数码 1 来显示。

接下来进行引脚锁定，具体步骤如下。

(1) 打开 cnt10.qpf 工程文件。

(2) 选择主菜单中的 Assignments→Assignments Editor 命令，进入 Assignments Editor 编辑窗口，在 Category 下拉列表框中选择 Pin 选项，或直接单击右侧的 Pin 按钮，如图 2-62 所示。

在图 2-62 中下面的表格里 To 列对应的行中双击，将显示本工程中所有的输入输出端口，选择要分配的端口即可，在 Location 列对应的行中双击，将显示芯片所有的引脚，选择要使用的引脚即可。以同样的方法可将所有端口锁定在对应的引脚上，结果如图 2-63 所示。引脚锁定后，存储引脚锁定信息，之后必须再编译一次(Processing→Start Compilation)，将引脚信息编译进下载文件中，这样生成的.sof 文件才可被下载到 FPGA 中。

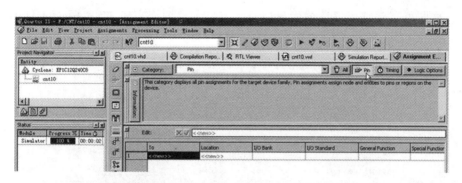

图 2-62　Assignments Editor

	To	Location	I/O Bank	I/O Standard	General Function	Special Function	Reserved	Ena
1	CLK	PIN_28	1	LVTTL	Dedicated Clock	CLK0/LVDSCLK1p		Yes
2	COUT	PIN_1	1	LVTTL	Row I/O	LVDS23p/INIT_DONE		Yes
3	CQ[3]	PIN_16	1	LVTTL	Row I/O	LVDS18p		Yes
4	CQ[2]	PIN_15	1	LVTTL	Row I/O	LVDS19n		Yes
5	CQ[1]	PIN_14	1	LVTTL	Row I/O	LVDS19p		Yes
6	CQ[0]	PIN_13	1	LVTTL	Row I/O	LVDS20n/DQ0L3		Yes
7	EN	PIN_233	2	LVTTL	Column I/O	LVDS27n/DQ0T4		Yes
8	RST	PIN_234	2	LVTTL	Column I/O	LVDS27p/DQ0T5		Yes
9	<<new>>	<<new>>						

图 2-63　表格方式引脚锁定窗口

7. 编程下载

打开编程窗口和配置文件。用带仿真器的 USB 数据线连接实验箱上适配板的 JTAG 口和 PC，打开电源。

(1) 选择主菜单中的 Tools→Programmer 命令，弹出图 2-64 所示窗口，在 Mode 下拉列表框中有 4 种编程模式可选择，即 JTAG、Passive Serial、Active Serial Programming 和 In-Socket Programming。为了直接对 FPGA 进行配置，选择 JTAG(默认)编程模式，并选中下载文件右侧的第一个小方框。注意，要仔细核对下载文件路径与文件名。如果文件没有出现或者有错，可单击左侧的 Add File 按钮，手动选择配置文件 cnt10.sof。

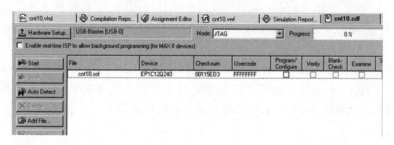

图 2-64　选择编程下载文件

(2) 设置编程器。若是初次安装的 Quartus II，在编程前必须进行编程器的选择操作。这里准备选择 USB-Blaster[USB-0]。在 Hardware Setup 对话框中切换到 Hardware Settings 选项卡，双击此选项卡中的 USB-Blaster 选项，如图 2-65 所示，单击 Close 按钮，关闭对话框即可。此时应该在编程窗口右上方显示出编程方式 USB-Blaster[USB-0]，如图 2-66 所示。

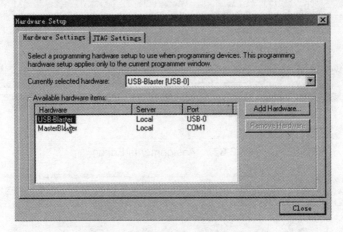

图 2-65　双击 USB-Blaster 选项

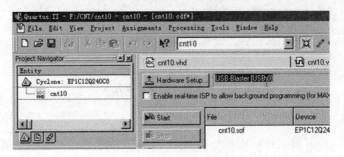

图 2-66　设置编程器选项

如果在图 2-65 所示窗口内的 Currently selected hardware 下拉列表框中显示 No Hardware 选项，则必须加入下载方式，即单击 Add Hardware 按钮，在弹出的对话框中单击 OK 按钮，再在图 2-65 中双击 USB-Blaster 选项，使得 Currently selected hardware 下拉列表框中显示 USB-Blaster [USB-0]选项。

(3) 下载。单击 Start 按钮，即进入对目标器件 FPGA 进行配置下载的操作界面。当 Process 显示为 100%，并且在底部的处理栏中出现 Configuration Succeeded 时，表示编程下载成功。

(4) 硬件测试。下载 cnt10.sof 成功后，选择电路模式 5，CLK 通过实验箱上 clock0 的跳线选择频率 4 Hz；键 1 置高电平，控制 EN 允许计数；键 2 先置高电平后置低电平，使 RST 产生复位信号。观察数码管 1 和发光管 D1 了解计数器的工作情况。

第 3 章

VHDL 语言编程基础

3.1 概　述

VHDL(very-high-speed integrated circuit hardware description language)，诞生于 1982 年。1987 年年底，VHDL 被 IEEE (the Institute of Electrical and Electronics Engineers)和美国国防部确认为标准硬件描述语言。自 IEEE 公布了 VHDL 的标准版本(IEEE-1076)之后，各 EDA 公司相继推出了自己的 VHDL 设计环境，或宣布自己的设计工具可以和 VHDL 接口。此后 VHDL 在电子设计领域被广泛接受，并逐步取代了原有的非标准硬件描述语言。1993 年，IEEE 对 VHDL 进行了修订，从更高的抽象层次和系统描述能力上扩展 VHDL 的内容，公布了新版本的 VHDL，即 IEEE 标准的 1076—1993 版本。现在，VHDL 和 Verilog 作为 IEEE 的工业标准硬件描述语言，又得到众多 EDA 公司的支持，在电子工程领域，已成为事实上的通用硬件描述语言。有专家认为，在 21 世纪，VHDL 与 Verilog 语言将承担起大部分的数字系统设计任务。

3.1.1　VHDL 的特点

VHDL 主要用于描述数字系统的结构、行为、功能和接口。除了含有许多具有硬件特征的语句外，VHDL 的语言形式和描述风格与句法十分类似于一般的计算机高级语言。

VHDL 的程序结构特点是将一项工程设计，或称设计实体(可以是一个元件、一个电路模块或一个系统)分成外部(或称可视部分，即端口)和内部(或称不可视部分)，即设计实体的内部功能和算法完成部分。在对一个设计实体定义外部界面后，一旦其内部开发完成，其他的设计就可以直接调用这个实体。这种将设计实体分成内部、外部的概念是 VHDL 系统设计的基本点。应用 VHDL 进行工程设计的优点是多方面的，具体如下。

(1) 与其他的硬件描述语言相比，VHDL 具有更强的行为描述能力，从而决定了它成为系统设计领域最佳的硬件描述语言。强大的行为描述能力是避开具体的器件结构，从逻辑行为上描述和设计大规模电子系统的重要保证。就目前流行的 EDA 工具和 VHDL 综合器而言，将基于抽象的行为描述风格的 VHDL 程序综合成具体的 FPGA 和 CPLD 等目标器件的网表文件已不成问题，只是在综合与优化效率上略有差异。

(2) VHDL 最初是作为一种仿真标准格式出现的，因此 VHDL 既是一种硬件电路描述和设计语言，也是一种标准的网表格式，还是一种仿真语言，其丰富的仿真语句和库函数，使得在任何大系统的设计早期，就能用于查验设计系统的功能可行性，随时可对设计进行仿真模拟，即在远离门级的高层次上进行模拟，使设计者对整个工程设计的结构和功能的可行性做出决策。

(3) VHDL 语句的行为描述能力和程序结构决定了它具有支持大规模设计的分解和已有设计的再利用功能，符合市场所需。大规模系统高效、快速地完成必须具有由多人甚至多个开发组共同并行工作才能实现的特点。VHDL 中设计实体的概念、程序包的概念、设计库的概念为设计的分解和并行工作提供了有力的支持。

(4) 对于用 VHDL 完成的一个确定的设计，可以利用 EDA 工具进行逻辑综合和优化，并自动地把 VHDL 描述设计转变成门级网表。这种方式突破了门级设计的瓶颈，极大地减少了电路设计的时间和可能发生的错误，降低了开发成本。应用 EDA 工具的逻辑优化功能，可以自动地把一个综合后的设计变成一个更高效、更高速的电路系统。反之，设计者还可以从综合和优化后的电路获得设计信息，再返回去更新 VHDL 设计描述，使之更为完善。

(5) VHDL 对设计的描述具有相对独立性，设计者可以不懂硬件的结构，也不必管最终设计实现的目标器件是什么，而进行独立的设计。正因为 VHDL 的硬件描述与具体的工艺技术和硬件结构无关，所以其设计程序的硬件实现目标器件有广阔的选择范围，其中包括各系列的 CPLD、FPGA 及各种门阵列实现目标。

(6) 由于 VHDL 具有类属描述语句和子程序调用等功能，对于已完成的设计，在不改变源程序的条件下，只需改变端口类属参量或函数，就能轻易地改变设计的规模和结构。

3.1.2 VHDL 与 Verilog、ABEL 语言的比较

一般的硬件描述语言可以在 3 个层次上进行电路描述，其层次由高到低依次可分为行为级、RTL 级和门电路级。具备行为级描述能力的硬件描述语言是以自顶向下方式设计系统级电子线路的基本保证。而 VHDL 语言的特点决定了它更适用于行为级(也包括 RTL 级)的描述，难怪有人将它称为行为描述语言。Verilog 属于 RTL 级硬件描述语言，通常只适用于 RTL 级和更低层次的门电路级的描述。任何一种语言源程序，最终都要转换成门电路级才能被布线器或适配器所接受，因此 VHDL 语言源程序的综合通常要经过行为级→RTL级→门电路级的转化，而 Verilog 语言源程序的综合过程要稍简单，即经过 RTL 级→门电

路级的转化。与 Verilog 相比，VHDL 语言是一种高级描述语言，适用于电路高级建模，比较适合于 FPGA/CPLD 目标器件的设计或间接方式的 ASIC 设计。随着 VHDL 综合器的进步，综合的效率和效果将越来越好。Verilog 语言则是一种较低级的描述语言，更适用于描述门级电路，易于控制电路资源，因此，更适合于直接的大规模集成电路或 ASIC 设计。显然，VHDL 和 Verilog 的主要区别在于逻辑表达的描述级别。VHDL 虽然也可以直接描述门电路，但这方面的能力却不如 Verilog 语言；反之，Verilog 在高级描述方面不如 VHDL。Verilog 语言的描述风格接近于电路原理图，从某种意义上说，它是电路原理图的高级文本表示方式。VHDL 语言适用于描述电路的行为，然后由综合器根据功能(行为)要求来生成符合要求的电路网络。

VHDL 和 Verilog 各有所长，因此市场占有率也相差不多。VHDL 描述语言层次较高，不易控制底层电路，因而对 VHDL 综合器的综合性能要求较高。但是当设计者积累一定经验后会发现，每种综合器一般将一定描述风格的语言综合成确定的电路，只要熟悉基本单元电路的描述风格，综合后的电路还是易于控制的。VHDL 入门相对稍难，但在熟悉以后，设计效率明显高于 Verilog，生成的电路性能也与 Verilog 的电路性能不相上下。在 VHDL 设计中，综合器完成的工作量是巨大的，设计者所做的工作就相对减少了；而在 Verilog 设计中，工作量通常比较大，因为设计者需要搞清楚具体电路结构的细节。

目前，大多数高档 EDA 软件都支持 VHDL 和 Verilog 混合设计，因而在工程应用中，有些电路模块可以用 VHDL 设计，其他的电路模块则可以用 Verilog 设计，各取所长，已成为目前 EDA 应用技术发展的一个重要趋势。

ABEL 语言与 Verilog 语言属同一种描述级别(ABEL 与许多其他的 HDL 在语句格式和用法上具有相似性)，但 ABEL 语言的特性和受支持的程度远不如 Verilog。Verilog 是从集成电路设计中发展而来，语言较为成熟，支持的 EDA 工具较多。而 ABEL 语言是从可编程逻辑器件(PLD)的设计中发展而来，ABEL-HDL 是一种支持各种不同输入方式的 HDL，其输入方式，即电路系统设计的表达方式，包括布尔方程、高级语言方程、状态图和真值表。ABEL-HDL 被广泛用于各种可编程逻辑器件的逻辑功能设计，由于其语言描述的独立性，ABEL-HDL 适用于各种不同规模的可编程器件的设计。例如，DOS 版的 ABEL 3.0 软件可对包括 GAL 器件进行全方位的逻辑描述和设计，而在诸如 Lattice 的 ispEXPERT、DATAIO 的 Synario、Vantis 的 Design-Direct、Xilinx 的 FOUNDATION 和 WEBPACK 等 EDA 软件中，ABEL-HDL 同样可用于更大规模的 FPGA/CPLD 器件功能设计。ABEL-HDL 还能对所设计的逻辑系统进行功能仿真。ABEL-HDL 的设计也能通过标准格式设计转换文件转换成其他设计环境，如 VHDL、Verilog-HDL 等。与 VHDL、Verilog-HDL 等硬件描述语言相比，ABEL-HDL 具有适用面宽(DOS、Windows 版及大中小规模 PLD 设计)、使用灵活、格式简洁、编译要求宽松等优点。虽然有不少 EDA 软件支持 ABEL-HDL，但提供 ABEL-HDL 综合器的 EDA 公司仅 DATAIO 一家。描述风格一般只用门电路级描述方式。但从 Internet 上获知，ABEL 已经开始了国际标准化的工作。

3.1.3 关于 VHDL 的学习

相对于其他计算机语言的学习，如 C 或汇编语言，VHDL 具有明显的特点。这不仅仅是因为 VHDL 作为一种硬件描述语言的学习，需要了解较多的数字逻辑方面的硬件电路知识(包括目标芯片基本结构方面的知识)，更重要的是 VHDL 描述的对象始终是客观的电路系统。电路系统内部的子系统乃至部分元器件的工作状态和工作方式可以是相互独立、互不相关的，也可以是互为因果的。这表明，在任一时刻，电路系统可以有许多相关和不相关的事件同时发生。例如，可以在多个独立的模块中同时进行不同方式的数据交换和控制信号传输，这种并行工作方式是任何一种基于 CPU 的软件程序语言所无法描绘和实现的。传统的软件编程语言只能根据 CPU 的工作方式，以排队式指令的形式来对特定的事件和信息进行控制或接收。在 CPU 工作的任一时间段内只能完成一种操作。

任何复杂的程序在一个单 CPU 的计算机中的运行，永远是单向和一维的，因而程序设计者也几乎只需以一维的思维模式就可以编程和工作了。

VHDL 则不同，它必须适应实际电路系统的工作方式，以并行和顺序的多种语句方式来描述在同一时刻中所有可能发生的事件。因此可以认为，VHDL 具有描述由相关和不相关的多维时空组合的复合体系统的功能。这就要求系统设计人员摆脱一维的思维模式，以多维并发的思路来完成 VHDL 的程序设计。所以，VHDL 的学习也应该适应这一思维模式的转换。VHDL 语言的语言要素及设计概念最早是从美国军用计算机语言 ADA 发展而来的。利用 ADA 并行语言将软件系统分为许多进程，这些进程是同时运行的，进程之间通过信号来传递信息。VHDL 语言则继承了这种思想，把这种思想延伸到电路系统。电路系统本质上也是许多并行工作的门电路构成，如果将这些门电路组合成单元电路，则可以认为电路系统是由许多并行工作的单元电路构成的，它们之间是通过电信号来传递信息，VHDL 正是从这种电路系统构成思想出发的。

一般而言，利用 VHDL 进行大系统的设计，可以在脱离具体目标器件的情况下进行，但在具体的工程设计中，必须清楚软件程序和硬件构成之间的联系，在考虑语句所能实现的功能的同时，必须考虑实现这些功能可能付出的硬件代价，要对这一程序可能耗费的硬件资源有明确的估计。任何规模的目标芯片的资源都是有限的，一条不恰当的语句、一个不恰当的算法、一项本可省去的操作都有可能使硬件资源的占用量大幅上升。对于已经确定了目标器件的 VHDL 设计，资源的占用情况将显得尤为重要。一项成功的 VHDL 工程设计，除了满足功能要求、速度要求和可靠性要求等指标外，还必须占用尽可能少的硬件资源。在实践过程中，不断提高通过驾驭软件语句来控制硬件构成的能力。一般地，每一项设计的资源占用情况可以直接从适配报告中获得，也可从 RTL 原理图或门级原理图中间接获得。

另外，必须注意 VHDL 虽然也含有类似于软件编程语言的顺序描述语句结构，但其工作方式是完全不同的。软件语言的语句是根据 CPU 的顺序控制信号，按时钟节拍对应的指令周期节拍逐条运行的，每运行一条指令都有确定的执行周期，但 VHDL 则不同。从表面上看，VHDL 的顺序语句与软件语句有相同的行为描述方式，但在标准的仿真执行中，有很大的区别。VHDL 的语言描述只是综合器赖以构成硬件结构的一种依据，但进程语句结构中的顺序语句的执行方式并不是按时钟节拍运行的。实际情况是，其中的每一条语句的执行时间几乎是 0 (但该语句的运行时间却不一定为 0)，即 1000 条顺序语句与 10 条顺序语句的执行时间是相同的。在此，语句的运行和执行具有不同的概念(在软件语言中，它们的概念是相同的), 执行是指启动一条语句, 允许它运行一次, 而运行就是指该语句完成其设定的功能。

3.2　基　本　结　构

一个完整的 VHDL 程序, 或者说设计实体, 并没有完全一致的结论, 因为不同的程序设计目的可以有不同的程序结构。例如, 对于在综合后具有相同逻辑功能的 VHDL 程序, 设计者注重系统的行为仿真与仅注重综合后的时序仿真, 其对程序结构的要求是不一样的, 因为后者无须在程序中加入控制仿真的语句及设置相关的参数。

一个完整的设计实体的最低要求应该能为 VHDL 综合器所接受, 并能作为一个独立设计单元, 即元件的形式而存在的 VHDL 程序。这里所谓的元件, 既可以被高层次的系统所调用, 成为该系统的一部分, 也可以作为一个电路功能块而独立存在和独立运行。

在 VHDL 程序中, 实体(entity)和结构体(architecture)这两个基本结构是必需的, 它们可以构成最简单的 VHDL 程序。实体是设计实体的组成部分, 它包含了对设计实体输入和输出的定义和说明, 而设计实体则包含了实体和结构体两个在 VHDL 程序中的最基本部分。通常, 最简单的 VHDL 程序结构中还应包括另一重要的部分, 即库(library)和程序包(package)。一个实用的 VHDL 程序可以由一个或多个设计实体构成, 可以将一个设计实体作为一个完整的系统直接利用, 也可以将其作为其他设计实体的一个低层次的结构, 即元件来例化(元件调用和连接), 就是用实体来说明一个具体的器件。VHDL 程序结构的一个显著特点就是, 任何一个完整的设计实体都可以分成内、外两个部分, 外面的部分称为可视部分, 它由实体名和端口组成; 里面的部分称为不可视部分, 由实际的功能描述组成。一旦对已完成的设计实体定义了它的可视界面后, 其他的设计实体就可以将其作为已开发好的成果直接调用, 这正是一种基于自顶向下的多层次的系统设计概念的实现途径。

3.2.1　实体

实体(entity)作为一个设计实体的组成部分, 其功能是对这个设计实体与外部电路进行接口描述。实体是设计实体的表层设计单元, 实体说明部分规定了设计单元的输入、输出接口信号或引脚, 它是设计实体对外的一个通信界面。就一个设计实体而言, 外界所看到的仅仅是它的界面上的各种接口。设计实体可以拥有一个或多个结构体, 用于描述此设计实体的逻辑结构和逻辑功能。对于外界来说, 这一部分是不可见的。

不同逻辑功能的设计实体可以拥有相同的实体描述, 这是因为实体类似于原理图中的一个部件符号, 而其具体的逻辑功能是由设计实体中结构体的描述确定的。实体是 VHDL 的基本设计单元, 它可以对一个门电路、一个芯片、一块电路板乃至整个系统进行接口描述。

1. 实体语句结构

以下是实体说明单元的常用语句结构:

```
ENTITY 实体名 IS
    [GENERIC (类属表); ]
```

```
    [PORT (端口表); ]
END ENTITY 实体名;
```

实体说明单元必须按照这一结构来编写，实体应以语句"ENTITY 实体名 IS"开始，以语句"END ENTITY 实体名;"结束，其中的实体名可以由设计者自己添加。中间方括号内的语句描述，在特定的情况下并非是必需的，如构建一个 VHDL 仿真测试基准等情况中就可以省去方括号中的语句。对于 VHDL 的编译器和综合器来说，程序文字的大小写是不加区分的，但为了便于阅读和分辨，建议将 VHDL 的标识符或基本语句关键词以大写方式表示，而由设计者添加的内容则以小写方式来表示，如实体的结尾可写为"END ENTITY nand"，其中的 nand 即为设计者取的实体名。

2. 实体名

一个设计实体无论多大且多复杂，在实体中定义的实体名即为这个设计实体的名称。在例化(已有元件的调用和连接)中，即可以用此名对相应的设计实体进行调用。例如：

【程序 3.1】

```
...
COMPONENT h_adder        --元件调用说明
    PORT(a,b:INSTDLOGIC;
        Co,so:OUTSTDLOGIC);
END COMPONENT;
```

此例中调用的元件名 h_adder 即为实体名。有的 EDA 软件对 VHDL 文件的取名有特殊要求，如要求文件名必须与实体名一致，如 h_adder.vhd。一般地，将 VHDL 程序的文件名取为此程序的实体名是一种良好的编程习惯。

3. 类属说明语句

类属(generic)参量是一种端口界面常数，常以一种说明的形式放在实体或块结构体前的说明部分。类属为所说明的环境提供了一种静态信息通道。类属与常数不同，常数只能从设计实体的内部得到赋值，且不能再改变，而类属的值可以由设计实体外部提供。因此，设计者可以从外面通过类属参量的重新设定而轻易地改变一个设计实体或一个元件的内部电路结构和规模。

类属说明的一般书写格式如下：

```
GENERIC ( 常数名 : 数据类型 [ :设定值];
        { 常数名 :数据类型 [:设定值] } );
```

类属参量以关键词 GENERIC 引导一个类属参量表，在表中提供时间参数或总线宽度等静态信息。类属参量表说明用于设计实体和其外部环境通信的参数，传递静态的信息。类属在所定义的环境中的地位与常数十分接近，但却能从环境(如设计实体)外部动态地接受赋值，其行为又有点类似于端口 PORT。因此，常如以上的实体定义语句那样，将类属说明放在其中，且放在端口说明语句的前面。

在一个实体中定义的、来自外部赋予类属的值可以在实体内部或与之相应的结构体中读到。对于同一个设计实体，可以通过 GENERIC 参数类属的说明，为它创建多个行为不同的逻辑结构。比较常见的情况是利用类属来动态地规定一个实体的端口大小，或设计实体的物理特性，或结构体中的总线宽度，或设计实体中底层中同种元件的例化数量等。

一般地，在结构体中，类属的应用与常数是一样的。例如，当用实体例化一个设计实体的器件时，可以用类属参量表中的参数项定制这个器件，如可以将一个实体的传输延时、上升和下降延时等参数加到类属参量表中，然后根据这些参数进行定制，这对于系统仿真控制是十分方便的。其中，常数名是由设计者确定的类属常数名，数据类型通常取 INTEGER 或 TIME 等类型，设定值即为常数名所代表的数值。注意，VHDL 综合器仅支持数据类型为整数的类属值。程序 3.2 是使用了类属说明的实例描述。

【程序 3.2】

```
ENTITY mcu1 IS
    GENERIC ( addrwidth : INTEGER := 16) ;
    PORT ( add_ bus : OUT STD_ LOGIC_ VECTOR (addrwidth-1 DOWNTO 0) ) ;
```

在这里，GENERIC 语句对实体 mcul 作为地址总线的端口 add_bus 的数据类型和宽度做了定义，即定义 add_bus 为一个 16 位的标准位矢量，定义 addrwidth 的数据类型是整数 INTEGER。其中，常数名 addrwidth 减 1 即为 15，所以这类似于将上例端口表写成：

```
PORT (add bus :OUT STD_ LOGIC _VECTOR (15 DOWNTO 0) ) ;
```

由程序 3.2 可见，对于类属值 addrwidth 的改变将对结构体中所有相关总线的定义同时做了改变，由此将改变整个设计实体的硬件结构。

4. PORT 端口说明

由 PORT 引导的端口说明语句是对一个设计实体界面的说明。其端口表部分对设计实体与外部电路的接口通道进行了说明,其中包括对每一接口的输入输出模式(或称端口模式, MODE)和数据类型(TYPE)进行了定义。在实体说明的前面,可以有库的说明,即由关键词 LIBRARY 和 USE 引导一些对库和程序包使用的说明语句,其中的一些内容可以为实体端口数据类型的定义所用。

实体端口说明的一般书写格式如下:

```
PORT  (端口名 : 端口模式 数据类型;
      {端口名 :  端口模式 数据类型 } ) ;
```

其中的端口名是设计者为实体的每一个对外通道所取的名字,端口模式是指这些通道上的数据流动方式,如输入或输出等。数据类型是指端口上流动的数据表达格式或取值类型,这是由于 VHDL 是一种强类型语言,即对语句中的所有端口信号、内部信号和操作数的数据类型有严格的规定,只有相同数据类型的端口信号和操作数才能相互作用。一个实体通常有一个或多个端口,端口类似于原理图部件符号上的管脚。实体与外界交流的信息必须通过端口通道流入或流出。程序 3.3 是一个 2 输入与非门的实体描述示例,图 3-1 为 nand 对应的原理图符号。

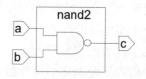

图 3-1　nand 对应的原理图符号

【程序 3.3】

```
LIBRARY IEEE;
USE IEEE.STD LOGIC_1164.ALL ;
```

```
ENTITY nand2 IS
    PORT (a : IN STD_LOGIC ;
       b : IN STD_LOGIC ;
       c : OUT STD_LOGIC ) ;
END nand2 ;
...
```

图 3-1 中的 nand2 可以看作一个设计实体，它的外部接口界面由输入、输出信号端口 a、b 和 c 构成，内部逻辑功能是一个与非门。在电路图上，端口对应于器件符号的外部引脚。端口名作为外部引脚的名称，端口模式用来定义外部引脚的信号流向。IEEE 1076 标准程序包中定义了以下几个常用端口模式。

(1) IN 模式。IN 定义的通道确定为输入端口，并规定为单向只读模式，可以通过此端口将变量(variable)信息或信号(signal)信息读入设计实体中。

(2) OUT 模式。OUT 定义的通道确定为输出端口，并规定为单向输出模式，可以通过此端口将信号输出设计实体，或者说可以将设计实体中的信号向此端口赋值。

(3) INOUT 模式。INOUT 定义的通道确定为输入输出双向端口，即从端口的内部看，可以对此端口进行赋值，也可以通过此端口读入外部的数据信息；而从端口的外部看，信号既可以从此端口流出，也可以向此端口输入信号。INOUT 模式包含 IN、OUT 和 BUFFER 共三种模式，因此可替代其中任何一种模式，但为了明确程序中各端口的实际任务，一般不做这种替代。

3.2.2　结构体

结构体(architecture)是实体所定义的设计实体中的一个组成部分。结构体描述设计实体的内部结构和(或)外部设计实体端口间的逻辑关系。结构体由以下内容组成。

(1) 对数据类型、常数、信号、子程序和元件等元素的说明部分。

(2) 描述实体逻辑行为的，以各种不同的描述风格表达的功能描述语句，它们包括各种形式的顺序描述语句和并行描述语句。

(3) 以元件例化语句为特征的外部元件(设计实体)端口间的连接方式。

结构体将具体实现一个实体。每个实体可以有多个结构体，每个结构体对应着实体不同的结构和算法实现方案，其间的各个结构体的地位是同等的，它们完整地实现了实体的行为。但同一结构体不能为不同的实体所拥有。结构体不能单独存在，它必须有一个界面说明，即一个实体。对于具有多个结构体的实体，必须用 CONFIGURATION 配置语句指明用于综合的结构体和用于仿真的结构体，即在综合后的可映射于硬件电路的设计实体中，一个实体只能对应一个结构体。在电路中，如果实体代表一个器件符号，则结构体描述了这个符号的内部行为。当把这个符号例化成一个实际的器件安装到电路上时，则需配置语句为这个例化的器件指定一个结构体(即指定一种实现方案)，或由编译器自动选择一个结构体。

1. 结构体的一般语言格式

```
ARCHITECTURE 结构体名 OF 实体名 IS
    [说明语句]
BEGIN
```

[功能描述语句]
END ARCHITECTURE 结构体名;

在书写格式上，实体名必须是所在设计实体的名字，而结构体名可以由设计者自己选择，但当一个实体具有多个结构体时，结构体的取名不可重复。结构体的说明语句部分必须放在关键词 ARCHITECTURE 和 BEGIN 之间，结构体必须以"END ARCHITECTURE 结构体名;"作为结束句。

结构体内部构造的描述层次和描述内容如图 3-2 所示，它只是对结构体的内部构造做了一般性的描述，并非所有的结构体必须同时具有图 3-2 所示的所有说明语句结构。一般地，一个完整的结构体由两个基本层次组成，即说明语句和功能描述语句两部分。

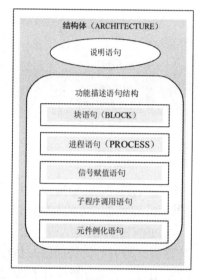

图 3-2　结构体构造图

2. 结构体说明语句

结构体中的说明语句是对结构体的功能描述语句中将要用到的信号(signal)、数据类型(type)、常数(constant)、元件(component)、函数(function)和过程(procedure)等加以说明。注意，在一个结构体中说明和定义的数据类型、常数、元件、函数和过程只能用于这个结构体中。如果希望这些定义也能用于其他的实体或结构体中，需要将其作为程序包来处理。

3. 功能描述语句结构

图 3-2 所示的功能描述语句结构可以含有 5 种不同类型的以并行方式工作的语句结构。这可以看作结构体的 5 个子结构，而在每一语句结构的内部可能含有并行运行的逻辑描述语句或顺序运行的逻辑描述语句。也就是说，这 5 种语句结构本身是并行语句，但它们内部所包含的语句并不一定是并行语句，如进程语句内所包含的是顺序语句。

图 3-2 中的 5 种语句结构的基本组成和功能分别如下。

(1) 块语句是由一系列并行执行语句构成的组合体，它的功能是将结构体中的并行语句组成一个或多个子模块。

(2) 进程语句定义顺序语句模块，用以将从外部获得的信号值，或内部的运算数据向其他的信号进行赋值。

(3) 信号赋值语句将设计实体内的处理结果向定义的信号或界面端口进行赋值。

(4) 子程序调用语句用以调用过程或函数，并将获得的结果赋值给信号。

(5) 元件例化语句对其他的设计实体做元件调用说明，并将此元件的端口与其他的元件、信号或高层次实体的界面端口进行连接。

程序 3.4 是一个结构体，它的结构体名是 behav，结构体内有一个进程语句子结构，在此结构中用顺序语句描述了门的输入信号 a0 和 a1 与输出信号 z0 之间的逻辑关系以及它们的时延关系。注意，VHDL 综合器不支持或忽略此例中的时延关系，如 AFTER tfall。

【程序 3.4】

```
ARCHITECTURE  behav  OF  PGAND2  IS
  BEGIN
    PROCESS (a1,a0)
    VARIABLE zdf : STD LOGIC ;
      BEGIN
        Zdf : = al AND a0;                --为变量赋值
        IF  zdf ='1'  THEN
          z0 <= TRANSPORT zdf AFTER trise ;
        ELSIF  zdf =' 0'  THEN
          z0 <= TRANSPORT zdf AFTER tfall ;
        ELSE
          z0 <= TRANSPORT zdf ;
      END IF ;
    END PROCESS ;
END ARCHI TECTURE behav ;
```

3.2.3 进程

进程(PROCESS)概念产生于软件语言,但在 VHDL 中, PROCESS 结构则是最具特色的语句,它的运行方式与软件语言中的 PROCESS 也完全不同,这是读者需要特别注意的问题。

PROCESS 语句结构包含了一个代表着设计实体中部分逻辑行为的、独立的顺序语句描述进程。与并行语句的同时执行方式不同,顺序语句可以根据设计者的要求,利用顺序可控的语句,完成逐条执行的功能。顺序语句与 C 或 Pascal 等软件编程语言中语句功能是类似的,即语句运行的顺序与程序语句书写的顺序是一致的。一个结构体中可以有多个并行运行的进程结构,而每一个进程的内部结构却是由一系列顺序语句构成的。

注意,在 VHDL 中,所谓顺序仅仅是指语句按序执行上的顺序性,但这并不意味着 PROCESS 语句结构所对应的硬件逻辑行为也具有相同的顺序性。PROCESS 结构中的顺序语句,以及其所谓的顺序执行过程只是相对于计算机中的软件行为仿真的模拟过程而言的,这个过程与硬件结构中实现的对应逻辑行为是不相同的。PROCESS 结构中既可以有时序逻辑的描述,也可以有组合逻辑的描述,它们都可以用顺序语句来表达。

1. PROCESS 的语句格式

[进程标号:] PROCESS [(敏感信号参数表)] [IS]
[进程说明部分]
BEGIN
    顺序描述语句
END PROCESS [进程标号];

每一个 PROCESS 语句结构可以赋予一个进程标号,但这个标号不是必需的。进程说明部分定义该进程所需的局部数据环境。

"顺序描述语句"部分是一段顺序执行的语句,描述该进程的行为。PROCESS 中规定了每个进程语句当它的某个敏感信号(由敏感信号参数表列出)的值改变时都必须立即完成某一功能行为,这个行为由进程语句中的顺序语句定义,行为的结果可以赋给信号,并通过信号被其他的 PROCESS 或 BLOCK 读取或赋值。当进程中定义的任一敏感信号发生更新时,由顺序语句定义的行为就要重复执行一次,当进程中最后一个语句执行完成后,执行过程将返回到进程的第一个语句，以等待下一次敏感信号的变化。如此循环往复以至无限。但当遇到 WAIT 语句时，执行过程将被有条件地终止，即所谓的挂起(suspention)。

一个结构体中可以含有多个 PROCESS 结构，每一个 PROCESS 结构对于其敏感信号参数表中定义的任一敏感参数的变化，每个进程可以在任何时刻被激活或者称为启动。而在结构体中所有被激活的进程都是并行运行的,这就是为什么 PROCESS 结构本身是并行语句的道理。

PROCESS 语句必须以语句"END PROCESS [进程标号];"结尾，对于目前常用的综合器来说，其中进程标号不是必需的，"敏感信号参数表"旁的[IS]也不是必需的。

2. PROCESS 的组成

如前文所述，PROCESS 语句结构是由 3 个部分组成的，即进程说明部分、顺序描述语句部分和敏感信号参数表。

(1) 进程说明部分主要定义一些局部量，可包括数据类型、常数、变量、属性、子程序等。注意，在进程说明部分中不允许定义信号和共享变量。

(2) 顺序描述语句部分可分为赋值语句、进程启动语句、子程序调用语句、顺序描述语句和进程跳出语句等，它们包括以下内容。

① 信号赋值语句：在进程中将计算或处理的结果向信号(signal)赋值。

② 变量赋值语句：在进程中以变量(variable)的形式存储计算的中间值。

③ 进程启动语句：当 PROCESS 的敏感信号参数表中没有列出任何敏感量时，进程的启动只能通过进程启动 WAIT 语句。这时可以利用 WAIT 语句监视信号的变化情况，以便决定是否启动进程。WAIT 语句可以看作一种隐式的敏感信号参数表。

④ 子程序调用语句：对已定义的过程和函数进行调用，并参与计算。

⑤ 顺序描述语句：包括 IF 语句、CASE 语句、LOOP 语句、NULL 语句等。

⑥ 进程跳出语句：包括 NEXT 语句、EXIT 语句，用于控制进程的运行方向。

(3) 敏感信号参数表需列出用于启动本进程可读入的信号名(当有 WAIT 语句时例外)。

程序 3.5 是一个 4 位二进制加法计数器结构体内的逻辑描述，该结构体中的进程含有 IF 语句，进程定义了 3 个敏感信号，即 clk、clear、stop。当其中任何一个信号改变时，都将启动进程的运行。信号 cnt4 被综合器用寄存器来实现。

该计数器除了有时钟输入信号 clk 外，还设置了计数清零信号 clear 和计数使能信号 stop，进程都将它们列为敏感信号。

【程序 3.5】

```
SIGNAL cnt4 : INTEGER RANGE 0 TO 15 ;        --注意 cnt4 的数据类型
   ...
PROCESS (clk, clear, stop)
BEGIN
   IF clear = '0' THEN
      cnt4<= 0
   ELSIF clk 'EVENT AND clk = '1' THEN    --如果遇到时钟上升沿, 则……
      IF stop = '0' THEN                  --如果 stop 为低电平, 则进行
         cnt4<=cnt4+1;                    --加法计数, 否则停止计数
      END IF ;
   END IF ;
END PROCESS ;
```

3.2.4 子程序

子程序(subprogram)是一个 VHDL 程序模块,这个模块是利用顺序语句来定义和完成算法的,因此只能使用顺序语句,这一点与进程十分相似。所不同的是,子程序不能像进程那样可以从本结构体的其他块或进程结构中直接读取信号值或者向信号赋值。此外,VHDL 子程序与其他软件语言程序中的子程序的应用目的是相似的,即能更有效地完成重复性的计算工作。子程序的使用方式只能通过子程序调用及与子程序的界面端口进行通信。子程序的应用与元件例化(元件调用)是不同的,如果在一个设计实体或另一个子程序中调用子程序后,并不像元件例化那样会产生一个新的设计层次。

子程序可以在 VHDL 程序的 3 个不同位置进行定义,即在程序包、结构体和进程中定义。但只有在程序包中定义的子程序可被几个不同的设计所调用,因此一般应将子程序放在程序包中。

VHDL 子程序具有可重载性的特点,即允许有许多重名的子程序,但这些子程序的参数类型及返回值数据类型是不同的。子程序的可重载性是一个非常有用的特性。

子程序有两种类型,即过程(procedure)和函数(function)。

过程的调用可通过其界面提供多个返回值,或不提供任何值,而函数只能返回一个值。在函数入口中,所有参数都是输入参数,而过程有输入参数、输出参数和双向参数。过程一般被看作一种语句结构,常在结构体或进程中以分散的形式存在,而函数通常是表达式的一部分,常在赋值语句或表达式中使用。过程可以单独存在,其行为类似于进程,而函数通常作为语句的一部分被调用。

在实用中必须注意,综合后的子程序将映射于目标芯片中的一个相应的电路模块,且每一次调用都将在硬件结构中产生对应于具有相同结构的不同模块,这一点与在普通的软件中调用子程序有很大不同。在 PC 或单片机软件程序执行中(包括 VHDL 的行为仿真),无论对程序中的子程序调用多少次,都不会发生计算机资源(如存储资源)不够用的情况,但在面向 VHDL 的综合中,每调用一次子程序都意味着增加了一个硬件电路模块。因此,在实用中要密切关注和严格控制子程序的调用次数。

1. 函数

在 VHDL 中有多种函数形式,如用于不同目的的用户自定义函数和在库中现成的具有专用功能的预定义函数,如转换函数和决断函数。转换函数用于从一种数据类型到另一种数据类型的转换,如在元件例化语句中利用转换函数可允许不同数据类型的信号和端口间进行映射;决断函数用于在多驱动信号时解决信号竞争问题。

函数的语言表达格式如下:

```
FUNCTION 函数名 (参数表)  RETURN 数据类型        --函数首
FUNCTION 函数名 (参数表)  RETURN 数据类型 IS     --函数体
    [说明部分]
    BEGIN
    顺序语句;
    END FUNCTION 函数名;
```

一般地,函数定义应由两部分组成,即函数首和函数体,在进程或结构体中不必定义函数首，而在程序包中必须定义函数首。程序 3.6 是一个函数应用实例。

【程序 3.6】

```
PACKAGE  packexp  IS                              --定义程序包
FUNCTION  max ( a,b : IN STD_ LOGIC_ VECTOR )     --定义函数首
   RETURN  STD_ LOGIC_ VECTOR ;
END;
PACKAGE  BODY  packexp  IS
FUNCT ION  max ( a,b : IN STD_ LOGIC VECTOR )      --定义函数体
   RETURN  STD_ LOGIC_ VECTOR  IS
BEGIN
   IF a>b THEN  RETURN a;
   ELSE        RETURN b;
   END IF;
END FUNCTION max;                                 --结束 FUNCTION 语句
END;                                              --结束 PACKAGE BODY 语句
```

2. 过程

VHDL 中，子程序的另一种形式是过程(PROCEDURE)，过程的语句格式是：

```
PROCEDURE 过程名 (参数表)                          --过程首
PROCEDURE 过程名 (参数表)  Is        ⎫
   [说明部分]                        ⎪
   BIGIN                            ⎬   --过程体
      顺序语句;                      ⎪
   END  PROCEDURE 过程名;            ⎭
```

与函数一样，过程也由两部分组成，即由过程首和过程体构成，过程首也不是必需的，过程体可以独立存在和使用，即在进程或结构体中不必定义过程首，而在程序包中必须定义过程首。

1) 过程首

过程首由过程名和参数表组成。参数表可以对常数、变量和信号 3 类数据对象目标做出说明，并用关键词 IN、OUT 和 INOUT 定义这些参数的工作模式，即信息的流向。如果没有指定模式，则默认为 IN，程序 3.7 是 3 个过程首的定义示例。

【程序 3.7】

```
PROCEDURE pro1 ( VARIABLE  a,b: INOUT  REAL ) ;
PROCEDURE pro2 ( CONSTANT  al : IN INTEGER ; VARIABLE b1 : OUT INTEGER ) ;
PROCEDURE pro3 ( SIGNAL sig : INOUT BIT ) ;
```

过程 pro1 定义了两个实数双向变量 a 和 b；过程 pro2 定义了两个参数，第一个参数是常数，它的数据类型为整数，流向模式是 IN，第二个参数是变量，信号模式和数据类型分别是 OUT 和整数；过程 pro3 中只定义了一个信号参数，即 sig，它的流向模式是双向 INOUT，数据类型是 BIT。一般地，可在参数表中定义 3 种流向模式，即 IN、OUT 和 INOUT。如果只定义了 IN 模式而未定义目标参数类型，则默认为常量；如果只定义了 INOUT 或 OUT，则默认目标参数类型是变量。

2) 过程体

过程体是由顺序语句组成的，过程的调用即启动了对过程体的顺序语句的执行。与函

数一样，过程体中的说明部分只是局部的，其中的各种定义只能适用于过程体内部。过程体的顺序语句部分可以包含任何顺序执行的语句，包括 WAIT 语句。注意，如果一个过程是在进程中调用的，且这个进程已列出了敏感参数表，则不能在此过程中使用 WAIT 语句。

在不同的调用环境中，可以有两种不同的语句方式对过程进行调用，即顺序语句方式或并行语句方式。对于前者，在一般的顺序语句自然执行过程中，一个过程被执行，则属于顺序语句方式，因为这时它只相当于一条顺序语句的执行；对于后者，一个过程相当于一个小的进程，当这个过程处于并行语句环境中时，其过程体中定义的任意一个 IN 或 INOUT 的目标参数(即数据对象：变量、信号、常数)发生改变时，将启动过程的调用，这时的调用是属于并行语句方式的。过程与函数一样，可以重复调用或嵌套式调用。综合器一般不支持含有 WAIT 语句的过程。程序 3.8 是过程体的使用示例，这个过程对具有双向模式变量的值 value 做了一个数据转换运算。

【程序 3.8】

```
PROCEDURE prg1 (VARIABLE value: INOUT BIT_ VECTOR(0 TO 7) ) IS
  BEGIN
    CASE  value  IS
      WHEN  "0000"  => value: "0101" ;
      WHEN  "0101"  => value : "0000" ;
      WHEN  OTHERS  => value: "1111" ;
    END CASE ;
END  PROCEDURE  prg1 ;
```

3.2.5 库

在利用 VHDL 进行工程设计时，为了提高设计效率以及使设计遵循某些统一的语言标准或数据格式，有必要将一些有用的信息汇集在一个或几个库(library)中以供调用。这些信息可以是预先定义好的数据类型、子程序等设计单元的集合体(程序包)，或预先设计好的各种设计实体(元件库程序包)。因此，可以把库看作一种用来存储预先完成的程序包、数据集合体和元件的仓库。如果要在一项 VHDL 设计中用到某一程序包，就必须在这项设计中预先打开这个程序包，使此设计能随时使用这一程序包中的内容。在综合过程中，每当综合器在较高层次的 VHDL 源文件中遇到库语言，就将随库指定的源文件读入，并参与综合。这就是说，在综合过程中，所要调用的库必须以 VHDL 源文件的形式存在，并能使综合器随时读入使用。为此，必须在这一设计实体前使用库语句和 USE 语句(USE 语句将在后文介绍)。一般地，在 VHDL 程序中被声明打开的库和程序包，对于本项设计称为可视的，那么这些库中的内容就可以被设计项目所调用。有些库被 IEEE 认可，成为 ieee 库，ieee 库存放了 IEEE 标准 1076 中标准设计单元，如 Synopsys 公司的 STD_LOGIC_UNSIGNED 程序包等。

通常，库中放置不同数量的程序包，而程序包中又可放置不同数量的子程序；子程序中又含有函数、过程、设计实体(元件)等基本设计单元。

VHDL 语言的库分为两类：一类是设计库，如在具体设计项目中设定的目录所对应的 work 库；另一类是资源库，资源库是常规元件和标准模块存放的库，如 ieee 库。设计库对当前项目是默认可视的，无须用 LIBRARY 和 USE 等语句以显式声明。

库的语句格式如下：

```
LIBRARY 库名;
```

这一语句即相当于为其后的设计实体打开了以此库名命名的库，以便设计实体可以利用其中的程序包，如语句"LIBRARY IEEE;"表示打开 ieee 库。

1. 库的种类

(1) ieee 库。ieee 库是 VHDL 设计中最为常见的库，它包含有 IEEE 标准的程序包和其他一些支持工业标准的程序包。ieee 库中的标准程序包主要包括 STD_LOGIC_1164、NUMERIC_BIT 和 NUMERIC_STD 等程序包。其中的 STD_LOGIC_1164 是最重要和最常用的程序包，大部分基于数字系统设计的程序包都是以此程序包中设定的标准为基础的。

此外，还有一些程序包虽非 IEEE 标准，但由于其已成事实上的工业标准，也都并入了 ieee 库。这些程序包中，最常用的是 Synopsys 公司的 STD_LOGIC_ARITH、STD_LOGIC_SIGNED 和 STD_LOGIC_UNSIGNED 程序包，目前流行于我国的大多数 EDA 工具都支持 Synopsys 公司的程序包。一般基于大规模可编程逻辑器件的数字系统设计，ieee 库中的 4 个程序包 STD_LOGIC_1164、STD_LOGIC_ARITH、STD_LOGIC_SIGNED 和 STD_LOGIC_UNSIGNED 已足够使用。

(2) std 库。VHDL 语言标准定义了两个标准程序包，即 STANDARD 和 TEXTIO 程序包(文件输入输出程序包)，它们都被收入 std 库中，只要在 VHDL 应用环境中，即可随时调用这两个程序包中的所有内容，即在编译和综合过程中，VHDL 的每一项设计都自动地将其包含进去了。由于 std 库符合 VHDL 语言标准，在应用中不必如 ieee 库那样显式地表达出来。

2. 库的用法

在 VHDL 语言中，库的说明语句总是放在实体单元前面。这样，在设计实体内的语句就可以使用库中的数据和文件。由此可见，库的用处在于使设计者可以共享已经编译过的设计成果。VHDL 允许在一个设计实体中同时打开多个不同的库，但库之间必须是相互独立的。

```
LIBRARY IEEE ;
USE IEEE. STD_LOGIC_ 1164. ALL ;
USE IEEE. STD_ LOGIC_UNSIGNED.ALL ;
```

这 3 条语句表示打开 ieee 库，再打开此库中的 STD_LOGIC_1164 程序包和 STD_LOGIC_UNSIGNED 程序包的所有内容。由此可见，在实际使用中，库是以程序包集合的方式存在的，具体调用的是程序包中的内容，因此对于任一项 VHDL 设计，所需从库中调用的程序包在设计中应是可见的(可调出的)，即以明确的语句表达方式加以定义，库语句指明库中的程序包以及包中的待调用文件。

对于必须以显式表达的库及其程序包的语言表达式应放在每一项设计实体的最前面，成为这项设计的最高层次的设计单元。库语句一般必须与 USE 语句同用。库语句关键词 LIBRARY 指明所使用的库名。USE 语句指明库中的程序包。一旦说明了库和程序包，整个设计实体都可进入访问或调用，但其作用范围仅限于所说明的设计实体。VHDL 要求一项含有多个设计实体的更大的系统中，每一个设计实体都必须有自己完整的库说明语句和 USE 语句。

USE 语句的使用将使所说明的程序包对本设计实体部分或全部开放，即是可视的。USE 语句的使用有两种常用格式：

```
USE 库名.程序包名.项目名;
USE 库名.程序包名.ALL ;
```

第一个语句格式的作用是，向本设计实体开放指定库中的特定程序包内所选定的项目。

第二个语句格式的作用是，向本设计实体开放指定库中的特定程序包内所有的内容。

合法的 USE 语句的使用方法是，将 USE 语句说明中所要开放的设计实体对象紧跟在 USE 语句之后。例如：

```
USE  IEEE.STD_ LOGIC_ 1164.ALL ;
```

表明打开 ieee 库中的 STD_LOGIC_1164 程序包，并使程序包中所有的公共资源对于本语句后面的 VHDL 设计实体程序全部开放，即该语句后的程序可任意使用程序包中的公共资源。这里用到了关键词 ALL，代表程序包中的所有资源。

【程序 3.9】

```
LIBRARY  IEEE ;
USE  IEEE .STD_ LOGIC_ 1164. STD_ULOGIC ;
USE  IEEE. STD_ LOGIC_ 1164. RISING_ EDGE ;
```

此例中向当前设计实体开放了 STD_LOGIC_1164 程序包中的 RISING_EDGE 函数，但此函数需要用到数据类型 STD_ULOGIC，所以在上一条 USE 语句中开放了同一程序包中的这一数据类型。

3.3 语 言 要 素

语言要素是编程语句的基本单元，是 VHDL 作为硬件描述语言的基本结构元素，反映了 VHDL 重要的语言特征，理解和掌握 VHDL 语言要素的基本含义和用法对于正确完成 VHDL 程序设计十分重要。VHDL 的语言要素主要有数据对象、数据类型、各类操作数及运算操作符。

3.3.1 文字规则

VHDL 除了具有类似于计算机高级语言编程的一般文字规则外，VHDL 还包含特有的文字规则和表达方式。VHDL 文字主要包括数值和标识符。数值型文字所描述的值主要有数字型、字符串型、标识符型等。

1. 数字型

数字型文字的值有多种表达方式。

(1) 整数文字。整数文字都是十进制的数。例如，5、678、0、156E2(=15600)、45_234_287

(=45234287)，数字间的下划线仅仅是为了提高文字的可读性，相当于一个空的间隔符，而没有其他的意义，不影响文字本身的数值。

(2) 实数文字。实数文字也都是十进制的数，但必须带有小数点。例如，18.93，88_670_51.453_90(=8867051.45390)、1.0,44.99E-2 (=0.4499)。

(3) 以数制基数表示的文字。用这种方式表示的数由 5 个部分组成。第一部分，用十进制数表明数制进位的基数；第二部分，数制隔离符号"#"；第三部分，表达的文字；第四部分，指数隔离符号"#"；第五部分，用十进制数表示的指数部分，这一部分的数如果为 0 可以省去不写。现举例如下：

```
SIGNAL d1, d2,d3, d4,d5, : INTEGER RANGE 0 TO 255;
d1 <= 10#170# ;          -- (十进制表示，等于 170)
d2 <= 16#FE#;            -- (十六进制表示，等于 254)
d3 <= 2#1111_ 1110# ;    -- (二进制表示，等于 254)
d4 <= 8#376#             -- (八进制表示，等于 254)
```

2. 字符串型

字符是用单引号括起来的 ASC II 字符，可以是数值，也可以是符号或字母，如'R'、'a'、'*'、'Z'、'U'、'11'、'-'、'L'...，也可用字符来定义一个新的数据类型：

```
TYPE STD_ULOGIC IS ( 'U', 'X', '0', '1', 'W', 'L', 'H', '-' )
```

字符串是一维的字符数组，需放在双引号中。有两种类型的字符串，即数位字符串和文字字符串。

(1) 文字字符串：是用双引号括起来的一串文字，如"ERROR""Both S and Q equal to 1""X""BB$CC"。

(2) 数位字符串：也称位矢量，是预定义的数据类型 Bit 的一位数组。数位字符串与文字字符串相似，但所代表的是二进制、八进制或十六进制的数组。数位字符串的表示首先要有计算基数，然后将该基数表示的值放在双引号中，基数符以"B" "O"和"X"表示，并放在字符串的前面。它们的含义分别如下。

B：二进制基数符号，表示二进制位 0 或 1。

O：八进制基数符号，在字符串中的每一个数代表一个八进制数。

X：十六进制基数符号，代表一个十六进制数。

例如：

```
data1 <= B"11011110"--二进制数数组，位矢数组长度是 8
data2 <= O"15"          --八进制数数组，位矢数组长度是 6
data3 <= X"AD0"         --十六进制数数组，位矢数组长度是 12
```

3. 标识符型

标识符是最常用的操作符，标识符可以是常数、变量、信号、端口、子程序参数的名字。VHDL 基本标识符的书写遵守以下规则。

(1) 有效的字符：英文字母包括 26 个大小写字母，即 a~z、A~Z；数字包括 0~9 以及下划线 "_"。

(2) 任何标识符必须以英文字母开头。

(3) 必须是单一下划线 "_"，且其前后都必须有英文字母或数字。标识符中的英文字母不分大小写。

(4) 扩展标识符以反斜杠来界定，可以以数字打头，如\74LS373\、\Hello world\都是合法的标识符。允许包含图形符号(如回车符、换行符等)，也允许包含空格符，如\IRDY#\、\C/BE\、\A or B\等都是合法的标识符。

以下是几种标识符的示例。

合法的标识符：

```
Decoder_ 1,  FET ,  Sig_ N,  Not_ Ack, State0 , Idle
```

非法的标识符：

```
_Decoder_ 1       --起始为非英文字母
2FFT              --起始为数字
Sig_#N            --符号 "#" 不能成为标识符的构成
Not-Ack           --符号 "-" 不能成为标识符的构成
RyY_ RST_         --标识符的最后不能是下划线 "_"
data__ BUS        --标识符中不能有双下划线
Return            --关键词
```

4. 下标名

下标名用于指示数组型变量或信号的某一元素。下标名的语句格式如下：

标识符(表达式)

标识符必须是数组型的变量或信号的名字，表达式所代表的值必须是数组下标范围中的一个值，这个值将对应数组中的一个元素。如果这个表达式是一个可计算的值，则此操作数可很容易地进行综合。如果是不可计算的数值，则只能在特定情况下综合，且耗费资源较大。例如：

```
SIGNAL a, b : BIT_VECTOR (0 TO 3) ;
SIGNAL m: INTEGER RANGE 0 TO 3 ;
SIGNAL y,z: BIT;
y<=a(m);-- 不可计算型下标表示
z<=b(3);    -- 可计算型下标表示
```

5. 段名

段名即多个下标名的组合，段名将对应数组中某一段的元素。段名的表达形式是：

标识符(表达式 方向 表达式)

这里的 "标识符" 必须是数组类型的信号名或变量名，每一个 "表达式" 的数值必须在数组元素下标号范围以内，并且必须是常数。"方向" 用 TO 或者 DOWNTO 来表示。

TO 表示数组下标序列由低到高，如(2 TO 8)；DOWNTO 表示数组下标序列由高到低，如(8 DOWNTO 2)，所以段中两个表达式值的方向必须与原数组一致。

下面示例中各信号分别以段的方式进行赋值，内部则按对应位的方式分别进行赋值：

```
SIGNAL  a : STD_LOGIC_VECTOR ( 3 DOWNTO 0 ) ;
SIGNAL  b : STD_LOGIC_VECTOR ( 0 TO 4 ) ;
a(3 DOWNTO 0) <= "1010";     --赋值对应: b (3) <='1'、b (2) <='0'、...
```

```
b(0 TO 3) <= "0110";            --赋值对应： a (3) <='0'、a (2) <='1'、...
```

3.3.2　数据对象

在 VHDL 中，数据对象(data objects)类似于一种容器，它接受不同数据类型的赋值。数据对象有 3 类，即变量(VARIABLE)、常量(CONSTANT)和信号(SIGNAL)。前两类可以从传统的计算机高级语言中找到对应的数据类型，其语言行为与高级语言中的变量和常量十分相似。但信号这一数据对象比较特殊，它具有更多的硬件特征，是 VHDL 中最有特色的语言要素之一。

1. 变量

在 VHDL 语法规则中，变量(VARIABLE)是一个局部量，只能在进程和子程序中使用。变量不能将信息带出对它做出定义的当前设计单元。变量的赋值是一种理想化的数据传输，是立即发生的，不存在任何延时的行为。VHDL 语言规则不支持变量附加延时语句。变量常用在实现某种算法的赋值语句中。

定义变量的语法格式如下：

VARIABLE 变量名：数据类型 := 初始值;

例如，变量定义语句：

```
VARIABLE  a : INTEGER ;          --a 为整数型变量
VARIABLE  b,c : INTEGER := 2 ;   --b 和 c 为整数型变量，且初始值为2
VARIABLE  d : STD_LOGIC;         --d 为标准位变量
```

变量作为局部量，其适用范围仅限于定义了变量的进程或子程序中。变量的值将随变量赋值语句的运算而改变。变量定义语句中的初始值可以是一个与变量具有相同数据类型的常数值，也可以是一个全局静态表达式，这个表达式的数据类型必须与所赋值的变量一致。此初始值不是必需的，综合过程中综合器将略去所有的初始值。

变量赋值语句的语法格式如下：

目标变量名 := 表达式;

变量赋值符号是":="，变量数值的改变是通过变量赋值来实现的。赋值语句右方的"表达式"必须是一个与"目标变量"具有相同数据类型的数值，这个表达式可以是一个运算表达式，也可以是一个数值。通过赋值操作，新的变量值的获得是立刻发生的。变量赋值语句左边的目标变量可以是单值变量，也可以是一个变量的集合，即数组型变量。

程序 3.10 表达了变量不同的赋值方式，需注意它们数据类型的一致性。

【程序 3.10】

```
VARIABLE  x,y : REAL;
VARIABLE  a,b : BIT_VECTOR(0 TO 7);
x := 100.0 ;          --实数赋值，x 是实数变量
y := 1.5+x ;          --运算表达式赋值，y 也是实数变量
a := "1010101" ;      --位矢量赋值，a 的数据类型是位矢量
a(3 TO 6) := ('1', '1', '0', '1');    --段赋值，注意赋值格式！
```

2. 信号

信号(SIGNAL)是描述硬件系统的基本数据对象，它类似于连接线。信号可以作为设计实体中并行语句模块间的信息交流通道。在 VHDL 中，信号及其相关的信号赋值语句、决断函数、延时语句等很好地描述了硬件系统的许多基本特征。

信号作为一种数值容器，不但可以容纳当前值，而且可以保持历史值。这一属性与触发器的记忆功能有很好的对应关系。信号定义的语句格式与变量非常相似，信号定义也可以设置初始值，它的定义格式如下：

```
SIGNAL 信号名 : 数据类型 := 初始值;
```

同样地，信号初始值的设置不是必需的，而且初始值仅在 VHDL 的行为仿真中有效。与变量相比，信号的硬件特征更为明显，它具有全局性特征。例如，在程序包中定义的信号，对于所有调用此程序包的设计实体都是可见的；在实体中定义的信号，在其对应的结构体中都是可见的。

事实上，除了没有方向说明外，信号与实体的端口(port)概念是一致的。对于端口来说，其区别只是输出端口不能读入数据、输入端口不能被赋值。信号可以看作实体内部的端口；反之，实体的端口只是一种隐式的信号，端口的定义实质上是做了隐式的信号定义，并附加了数据流动的方向。信号本身的定义是一种显式定义。因此，在实体中定义的端口，在其结构体中都可以看作一个信号，并加以使用，而不必另做定义。信号的定义示例如下：

```
SIGNAL  temp : STD_LOGIC := 0 ;
SIGNAL  flaqa,flaqb : BIT ;
SIGNAL  data : STD_LOGIC_VECTOR(15 DOWNTO 0 ) ;
SIGNAL  a : INTEGER RANGE 0 TO 15;
```

此例中第一组定义了一个单值信号 temp，数据类型是标准位 STD_LOGIC，信号初始值为低电平；第二组定义了两个数据类型为位 BIT 的信号 flaga 和 flagb；第三组定义了一个位矢量信号或者说是总线信号，或数组信号；数据类型是标准位矢 STD_LOGIC_VECTOR，共有 16 个信号元素；最后一组定义信号 a 的数据类型是整数，变化范围是 0~15。

以下示例定义的信号数据类型是设计者自行定义的，这是 VHDL 所允许的：

```
TYPE four IS ( 'X', '0', '1','Z' ) ;
SIGNAL s1 : four ;
SIGNAL s2 : four :='X' ;
SIGNAL s3 : four :='1';
```

示例中定义的 3 个信号的数据类型都是人为定义的 four，TYPE 是由用户自行定义新的数据类型的关键词，由 four 的取值范围可见，并没有超出 STD_LOGIC 的范围。信号 s1 的初始值取默认值，VHDL 规定初始值的默认值取 LEFT' most 项，即数组中的最左项，在此例中是'X'(任意状态)。信号 s2 的初始值取值以显性的方式表达，设为'X'；信号 s3 的初始值取 '1'，即高电平。

注意，信号的使用和定义范围是实体、结构体和程序包。在进程和子程序中不允许定义变量。在进程中，只能将信号列入敏感表，而不能将变量列入敏感表。当信号定义了数据类型和表达方式后，在 VHDL 设计中就能对信号进行赋值了。信号的赋值语句表达式如下：

目标信号名 <= 表达式;

在进程中，可以允许同一信号有多个驱动源(赋值源)，即在同一进程中存在多个同名的信号被赋值，其结果只有最后的赋值语句被启动，并进行赋值操作。

【程序 3.11】

```
SIGNAL  a,b,c,y,z : INTEGER ;
PROCESS (a,b,C)
BEGIN
    y <=a*b;
    z<= c-a ;
    y<=b;
END PROCESS ;
```

此例的进程中，a、b、c 被列入进程敏感表，当进程运行后，信号赋值将自上而下顺序执行，但第一项赋值操作并不会发生，这是因为 y 的最后一项驱动源是 b，因此 y 被赋值 b。

3. 常数

常数(CONSTANT)的定义和设置主要是为了使设计实体中的常数更容易阅读和修改。例如，将位矢的宽度定义为一个常量，只要修改这个常量就能很容易地改变宽度，从而改变硬件结构。

在程序中，常量是一个恒定不变的值，一旦做了数据类型和赋值定义后，在程序中不能再改变，因而具有全局性意义。常量的定义形式与变量十分相似，其形式如下：

CONSTANT 常数名 : 数据类型 := 表达式;

例如：

```
CONSTANT  fbus : BIT_ VECTOR := "010115" ;    --位矢数据类型
CONSTANT  Vcc : REAL := 5.0 ;                  --实数数据类型
CONSTANT  dely : TIME := 25ns ;                --时间数据类型
```

VHDL 要求所定义的常量数据类型必须与表达式的数据类型一致。常量的数据类型可以是标量类型或复合类型，但不能是文件类型(FILE)或存取类型(ACCESS)。

3.3.3　数据类型

在数据对象的定义中，必不可少的一项说明就是设定所定义的数据对象的数据类型(TYPES)，并且要求此对象的赋值源也必须是相同的数据类型。这是因为 VHDL 是一种强类型语言，对运算关系与赋值关系中各量(操作数)的数据类型有严格要求。VHDL 要求设计实体中的每一个常数、信号、变量、函数以及设定的各种参量都必须具有确定的数据类型，并且相同数据类型的量才能互相传递和作用。VHDL 中的数据类型可以分成四大类。

(1) 标量型(scalar type)：属于元素的最基本的数据类型，即不可能再有更细小、更基本的数据类型，它们通常用于描述一个单值数据对象。标量类型包括实数类型、整数类型、枚举类型和时间类型。

(2) 复合类型(composite type)：可以由细小的数据类型复合而成，如可由标量型复合而成。复合类型主要有数组型(ARRAY)和记录型(RECORD)。

(3) 存取类型(access type)：为给定的数据类型的数据对象提供存取方式。

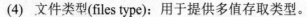

(4) 文件类型(files type)：用于提供多值存取类型。

这四大数据类型又可分成在现成程序包中可以随时获得的预定义数据类型和用户自定义数据类型两大类别。预定义的 VHDL 数据类型是 VHDL 最常用、最基本的数据类型。这些数据类型都已在 VHDL 的标准程序包 STANDARD 和 STD_LOGIC_1164 及其他的标准程序包中做了定义，并可在设计中随时调用。除了标准的预定义数据类型外，VHDL 还允许用户自己定义其他的数据类型以及子类型。通常，新定义的数据类型和子类型的基本元素一般仍属 VHDL 的预定义数据类型。以下详细讲解 VHDL 的预定义数据类型。

1. VHDL 的预定义数据类型

VHDL 的预定义数据类型都是在 VHDL 标准程序包 STANDARD 中定义的，在实际使用中，已自动包含进 VHDL 的源文件中，因而不必通过 USE 语句以显式调用。

1) 布尔数据类型

布尔(BOOLEAN)数据类型实际上是一个二值枚举型数据类型，它的取值如以上的定义所示，即伪(FALSE)和真(TRUE)两种。综合器将用一个二进制位表示 BOOLEAN 型变量或信号。布尔量不属于数值，因此不能用于运算，它只能通过关系运算符获得。

例如，当 a>b 时，在 IF 语句中的关系运算表达式(a>b)的结果是布尔量 TRUE，反之为FALSE。综合器将其变为 1 或 0 信号值，对应于硬件系统中的一根线。布尔数据与位数据类型可以用转换函数相互转换。

2) 位数据类型

位(BIT)数据类型也属于枚举型，取值只能是 1 或者 0。位数据类型的数据对象，如变量、信号等，可以参与逻辑运算，运算结果仍是位的数据类型。VHDL 综合器用一个二进制位表示 BIT。

3) 位矢量数据类型

位矢量(BIT_VECTOR)只是基于 BIT 数据类型的数组，使用位矢量必须注明位宽，即数组中的元素个数和排列，例如：

```
SIGNAL a : BIT_ VECTOR (7 TO 0) ;
```

信号 a 被定义为一个具有 8 位位宽的矢量，它的最左位是 a(7)，最右位是 a(0)。

4) 字符数据类型

字符(CHARACTER)类型通常用单括号括起来，如'A'。字符类型区分大小写，如'B'不同于'b'。

在 VHDL 程序设计中，标识符的大小写一般是不区分的，但用了单引号的字符的大小写是有区分的。

5) 整数数据类型

整数(INTEGER)类型的数代表正整数、负整数和零。整数类型与算术整数相似，可以使用预定义的运算操作符，如加(+)、减(−)、乘(*)、除(/)等进行算术运算。在 VHDL 中，整数的取值范围是−2147483647～+2147483647，即可用 32 位有符号的二进制数表示。在实际应用中，VHDL 仿真器通常将 INTEGER 类型作为有符号数处理，而 VHDL 综合器则将INTEGER 作为无符号数处理。在使用整数时，VHDL 综合器要求用 RANGE 子句为所定义的数限定范围，然后根据所限定的范围来决定表示此信号或变量的二进制数的位数，因为

VHDL 综合器无法综合未限定范围的整数类型的信号或变量。如下面的语句：

```
SIGNAL typei : INTEGER RANGE 0 TO 15;
```

规定整数 typei 的取值范围是 0～15 共 16 个值，可用 4 位二进制数来表示，因此，typei 将被综合成由 4 条信号线构成的总线式信号。

整数常量的书写方式示例如下：

```
2                 十进制整数
77459102          十进制整数
10E4              十进制整数
16#D2#            十六进制整数
8#720#            八进制整数
2#11010010#       二进制整数
```

6) 自然数和正整数数据类型

自然数(natural)是整数的一个子类型，非负的整数，即零和正整数。正整数(positive)也是整数的一个子类型，它包括整数中非零和非负的数值。

它们在 STANDARD 程序包中定义的源代码如下：

```
subtype natural is integerrange 0 to integer'high;
subtype positive is integerrange 1 to integer'high;
```

7) 实数数据类型

VHDL 的实数(real)类型也类似于数学上的实数，或称浮点数。实数的取值范围为 $-1.0 \times 10^{38} \sim +1.0 \times 10^{38}$。通常情况下，实数类型仅能在 VHDL 仿真器中使用，VHDL 综合器则不支持实数，因为直接的实数类型的表达和实现相当复杂，目前在电路规模上难以承受。实数常量的书写方式举例如下：

```
1.0               十进制浮点数
65971.333333      十进制浮点数
8#43.6#e+4        八进制浮点数
```

8) 字符串数据类型

字符串(string)数据类型是字符数据类型的一个非约束型数组，或称为字符串数组。字符串必须用双引号标明。例如：

```
VARIABLE string_ var : STRING (1 TO 7 ) ;
string_ var :="abcd";
```

9) 时间数据类型

VHDL 中唯一的预定义物理类型是时间。完整的时间(time)数据类型包括整数和物理量单位两部分，整数和单位之间至少留一个空格，如 55 ms、20 ns。时间单位有以下定义：

```
fs ;              --飞秒，VHDL 中的最小时间单位
ps=1000 fs;       --皮秒
ns=1000 ps ;      --纳秒
us=1000 ns ;      --微秒
ms=1000 us;       --毫秒
sec=1000 ms;      --秒
min=60 sec;       --分
hr=60 min;        --时
```

10) 错误等级

在 VHDL 仿真器中，错误等级(severity level)用来指示设计系统的工作状态，共有 4 种可能的状态值，即注意(note)、警告(warning)、出错(error)、失败(failure)。在仿真过程中，可输出这 4 种值来提示被仿真系统当前的工作情况。其定义如下：

```
TYPE severity_ level IS (note, warning, error, failure) ;
```

11) 综合器不支持的数据类型

(1) 物理类型。综合器不支持物理类型的数据，如具有量纲型的数据，包括时间类型。这些类型只能用于仿真过程。

(2) 浮点型。如 REAL 型。

(3) Aceess 型。综合器不支持存取型结构，因为不存在这样对应的硬件结构。

(4) File 型。综合器不支持磁盘文件型，硬件对应的文件仅为 RAM 和 ROM。

2. ieee 预定义标准逻辑位与矢量

在 ieee 库的程序包 STD_LOGIC_1164 中，定义了两个非常重要的数据类型，即标准逻辑位 STD_LOGIC 数据类型和标准逻辑矢量 STD_LOGIC_VECTOR 数据类型。

1) 标准逻辑位 STD_LOGIC 数据类型

数据类型 STD_LOGIC 的定义如下：

```
'U',      --未初始化的
'X',      --强未知的
'0',      --强0
'1',      --强1
'Z',      --高阻态
'W' ,     --弱未知的
'L',      --弱0
'H',      --弱1
'_',      --忽略
```

在程序中使用此数据类型前，需加入下面的语句：

```
LIBRARY IEEE;
USE IEEE.STD_ LOIGC_1164. ALL;
```

由定义可见，STD_LOGIC 是标准 BIT 数据类型的扩展，共定义了 9 种值。这意味着，对于定义为数据类型是标准逻辑位 STD_LOGIC 的数据对象，其可能的取值已非传统的 BIT 那样只有 0 和 1 两种取值，而是如上定义的那样有 9 种可能的取值。目前，在设计中一般只使用 ieee 的 STD_LOGIC 标准逻辑位数据类型，BIT 型则很少使用。标准逻辑位数据类型具有多值性，因此在编程时应当特别注意。在条件语句中，如果未考虑到 STD_LOGIC 的所有可能的取值情况，综合器可能会插入不希望的锁存器。程序包 STD_LOGIC_1164 中还定义了 STD_LOGIC 型逻辑运算符 AND、NAND、OR、NOR、XOR 和 NOT 的重载函数，以及两个转换函数，用于 BIT 与 STD_LOGIC 的相互转换。

在仿真和综合中，STD_LOGIC 值是非常重要的，它可以使设计者精确地模拟一些未知的和高阻态的线路情况。对于综合器，高阻态和"-"忽略态可用于三态的描述。但就综合而言，STD_LOGIC 型数据能够在数字器件中实现的只有其中的 4 种值，即-、0、1 和 Z。当然，这并不表明其余的 5 种值不存在。这 9 种值对于 VHDL 的行为仿真都有重要意义。

2) 标准逻辑矢量 STD_LOGIC_VECTOR 数据类型

STD_LOGIC_VECTOR 是定义在 STD_LOGIC_1164 程序包中的标准一维数组，数组中的每一个元素的数据类型都是以上定义的标准逻辑位 STD_LOGIC。

在使用中，为标准逻辑矢量 STD_LOGIC_VECTOR 数据类型的数据对象赋值的方式与普通的一维数组 ARRAY 是一样的，即必须严格考虑位矢的宽度。同位宽、同数据类型的矢量间才能进行赋值。程序 3.12 描述的是 CPU 中数据总线上位矢赋值的操作示意情况。注意，示例中信号的数据类型定义和赋值操作中信号的数组位宽。

【程序 3.12】

```
TYPE t_data IS ARRAY(7 DOWNTO 0) OF STD_ LOGIC;   --自定义数组类型
SIGNAL databus,memory : t_ data ;                 --定义信号databus, memory
CPU : PROCESS                                      -- CPU 工作进程开始
VARIABLE rega : t_ data ;                          --定义寄存器变量 rega
BEGIN
databus <= rega;                                   --为 8 位数据总线赋值
END PROCESS CPU;                                   --CPU 工作进程结束
MEM : PROCESS                                       --RAM 工作进程开始
BEGIN
databus <= memory ;
END PROCESS MEM ;
```

描述总线信号，使用 STD_LOGIC_VECTOR 是最方便的，但需注意的是总线中的每一根信号线都必须定义为同一种数据类型 STD_LOGIC。

3. 其他预定义标准数据类型

VHDL 综合工具配带的扩展程序包中，定义了一些有用的类型，如 Synopsys 公司在 ieee 库中加入的程序包 STD_LOGIC_ARITH 中定义了以下数据类型：

- 无符号型(UNSIGNED)；
- 有符号型(SIGNED)；
- 小整型(SMALL_INT)。

在程序包 STD_LOGIC_ARITH 中的类型定义如下：

```
TYPE UNSIGNED IS array (NATURAL range < >) OF STD_ LOGIC ;
TYPE SIGNED IS ARRAY (NATURAL range < >) OF STD_ LOGIC ;
SUBTYPE SMALL_ INT IS INTEGER RANGE 0 TO 1 ;
```

如果将信号或变量定义为这几个数据类型，就可以使用本程序包中定义的运算符。在使用之前，应注意必须加入下面的语句：

```
LIBRARY IEEE
USE IEEE.STD_ LOIGC_ ARITH.ALL ;
```

UNSIGNED 类型和 SIGNED 类型是用来设计可综合的数学运算程序的重要类型，UNSIGNED 用于无符号数的运算，SIGNED 类型用于有符号数的运算。在实际应用中，大多数运算都需要用到它们。

在 ieee 程序包中，NUMERIC_STD 和 NUMERIC_BIT 程序包中也定义了 UNS IGNED 型及 SIGNED 型，NUMERIC_STD 是针对 STD_LOGIC 型定义的，而 NUMERIC_BIT 是针

对 BIT 型定义的。在程序包中还定义了相应的运算符重载函数。有些综合器没有附带 STD_LOGIC_ARITH 程序包，此时只能使用 NUMER_STD 和 NUMERIC_BIT 程序包。

在 STANDARD 程序包中没有定义 STD_LOGIC_VECTOR 的运算符，而整数类型一般只在仿真时用来描述算法，或作为数组下标运算，因此 UNSIGNED 和 SIGNED 的使用率是很高的。

4. 用户自定义数据类型方式

除了上述一些标准的预定义数据类型外，VHDL 还允许用户自行定义新的数据类型，由用户定义的数据类型可以有多种，如枚举类型(enumeration types)、整数类型(interger types)、数组类型(array types)、记录类型(record types)、时间类型(time types)、实数类型(real types)等。下面重点介绍几种常用的用户自定义数据类型。

1）TYPE 语句用法

TYPE 语句语法结构如下：

```
TYPE 数据类型名  IS  数据类型定义 OF 基本数据类型；
```

或

```
TYPE 数据类型名  IS  数据类型定义
```

利用 TYPE 语句进行数据类型自定义有两种不同的格式，但方式是相同的，其中数据类型名由设计者自定，此名将作为数据类型定义之用，其方法与以上提到的预定义数据类型的用法一样；数据类型定义部分用来描述所定义的数据类型的表达方式和表达内容；关键词 OF 后的基本数据类型是指数据类型定义中所定义的元素的基本数据类型，一般都是取已有的预定义数据类型，如 BIT、STD_LOGIC 或 INTEGER 等。

举例说明 TYPE 语句的定义方式：

```
TYPE st1 ARRAY (0 TO 15) OF STD_LOGIC;
```

以上定义的数据类型 st1 是一个具有 16 个元素的数组型数据类型，数组中的每一个元素的数据类型都是 STD_LOGIC 型。

2）枚举类型

VHDL 中的枚举数据类型是一种特殊的数据类型，它们是用文字符号来表示一组实际的二进制数。例如，状态机的每一状态在实际电路中是以一组触发器的当前二进制数位的组合来表示的，但设计者在状态机的设计中，为了更利于阅读、编译和 VHDL 综合器的优化，往往将表征每一状态的二进制数组用文字符号来代表，即状态符号化。例如：

```
TYPE m_ state IS ( state1,state2,state3,state4,state5 ) ;
SIGNAL present_ state, next_ state : m_ state ; :
```

在这里，信号 present_state 和 next_state 的数据类型定义为 m_state，它们的取值范围是可枚举的，即从 state1 到 state5 共 5 种，而这些状态代表 5 组唯一的二进制数值。实际上，在 VHDL 中，许多十分常用的数据类型，如位(bit)、布尔量(boolean)、字符(character)及 STD_LOGIC 等都是程序包中已定义的枚举型数据类型。例如，BIT 的取值是 0 和 1，它们与普通的 0 和 1 是不一样的，因此不能进行常规的数学运算。它们只代表一个数据对象的两种可能的取值方向。因此，0 和 1 也是一种文字。对于此类枚举数据，在综合过程中，都将转化成二进制代码。当然枚举类型也可以直接用数值来定义，但必须使用单引号。例如：

【程序 3.13】

```
TYPE my_ logic IS ( '1' ,'Z','U','0' ) ;
SIGNAL s1 : my_ logic ;
s1 <='Z' ;
TYPE STD_LOGIC IS ( 'U', 'X', '0', '1', 'Z', 'W', 'L','H','-' ) ;
SIGNAL sig : STD_ LOGIC ;
sig <= 'Z' ;
```

在综合过程中，枚举类型文字元素的编码通常是自动的，编码顺序是默认的，一般将第一个枚举量(最左边的量)编码为 0，以后依次加 1。综合器在编码过程中自动将每一枚举元素转变成位矢量，位矢的长度将取所需表达的所有枚举元素的最小值，如前例中用于表达 5 个状态的位矢长度应该为 3，编码默认值为以下方式：

```
state1 = '000' ;
state2 = '001' ;
state3 = '010' ;
state4 = '011' ;
state5 = '100' ;
```

于是它们的数值顺序便成为 state1 < state2 < state3 < state4 < state5。

一般而言，编码方式因综合器及综合控制方式不同而不同。为了某些特殊的需要，编码顺序也可以人为设置。

3)　数组类型

数组类型属复合类型，是将一组具有相同数据类型的元素集合在一起，作为一个数据对象来处理的数据类型。数组可以是一维 (每个元素只有一个下标)数组或多维数组(每个元素有多个下标)。VHDL 仿真器支持多维数组，但 VHDL 综合器只支持一维数组，故在此不讨论多维数组。

数组的元素可以是任何一种数据类型，用以定义数组元素的下标范围子句决定了数组中元素的个数以及元素的排序方向，即下标数是由低到高或是由高到低。例如，子句"0 TO 7"是由低到高排序的 8 个元素；"15 DOWNTO 0" 是由高到低排序的 16 个元素。

VHDL 允许定义两种不同类型的数组，即限定性数组和非限定性数组。它们的区别是，限定性数组下标的取值范围在数组定义时就被确定了，而非限定性数组下标的取值范围需留待随后确定。

限定性数组定义语句格式如下：

TYPE 数组名 IS ARRAY (数组范围) OF 数据类型;

其中，数组名是新定义的限定性数组类型的名称，可以是任何标识符；数据类型与数组元素的数据类型相同，数组范围明确指出数组元素的定义数量和排序方式，以整数来表示其数组的下标，数据类型即指数组各元素的数据类型。

以下是两个限定性数组定义示例：

TYPE stb IS ARRAY (7 DOWNTO 0) OF STD_ LOGIC ;

这个数组类型的名称是 stb，它有 8 个元素，它的下标排序是 7、6、5、4、3、2、1、0。各元素的排序是 stb(7)、stb(6)、....、stb(0)。

```
TYPE x is (low,high);
TYPE data_ bus  IS  ARRAY (0 TO 7, x) of BIT ;
```

首先定义 x 为两元素的枚举数据类型，然后将 data_bus 定义为一个有 9 个元素的数组类型，其中每一元素的数据类型是 BIT。

数组还可以用另一种方式来定义，就是不说明所定义的数组下标的取值范围，而是定义某一数据对象为此数组类型时，再确定该数组下标取值范围。这样就可以通过不同的定义取值，使相同的数据对象具有不同下标取值的数组类型，这就是非限制性数组类型。

非限制性数组的定义语句格式如下：

TYPE 数组名 IS ARRAY (数组下标名 RANGE <>) OF 数据类型；

其中，数组名是定义的非限制性数组类型的取名，数组下标名是以整数类型设定的一个数组下标名称，其中符号"<"是下标范围待定符号，用到该数组类型时，再填入具体的数值范围。注意，符号"<"间不能有空格，如"< >"的书写方式是错误的。数据类型是数组中每一元素的数据类型。

程序 3.14 和程序 3.15 表达了非限制性数组类型的不同用法。

【程序 3.14】

```
TYPE Bit_Vector IS Array (Natural Range <>) OF BIT ;
VARIABLE va: Bit_Vector (1 to 6) ;              --将数组取值范围定在 1～6
```

【程序 3.15】

```
TYPE Real_Matrix IS ARRAY (POSITIVE RANGE <>) OF RAEL ;
VARIABLE Real_Matrix_object : Real_ Matrix (1 TO 8) ;    -- 限定范围
```

3.3.4 操作符

与传统的程序设计语言一样，VHDL 各种表达式中的基本元素也是由不同类型的运算符相连而成的。这里所说的基本元素称为操作数(operands)，运算符称为操作符(operators)。操作数和操作符相结合就成为描述 VHDL 算术或逻辑运算的表达式，其中操作数是各种运算的对象，而操作符规定运算的方式。

在 VHDL 中，有 4 类操作符，即逻辑操作符(logical operator)、关系操作符(relational operator)、算术操作符(ari thmetic operator)和符号操作符(sign operator)。此外，还有重载操作符(overloading operator)。前 3 类操作符是完成逻辑和算术运算最基本的操作符单元，重载操作符是对基本操作符做了重新定义的函数型操作符。

逻辑运算符 AND、OR、NAND、NOR、XOR、XNOR 及 NOT 对 BIT 或 BOOLEAN 型的值进行运算。STD_LOGIC_1164 程序包中重载了这些运算符，因此这些运算符也可用于 STD_LOGIC 型数值。如果 AND、OR、NAND、NOR、XOR、XNOR 左边值和右边值的类型为数组，则这两个数组的尺寸，即位宽要相等。

通常，在一个表达式中有两个以上的运算符时，需要使用括号将这些运算分组。对于 VHDL 中的操作符与操作数间的运算有两点需要特别注意。

(1) 严格遵循在基本操作符间操作数是同数据类型的规则。

(2) 严格遵循操作数的数据类型必须与操作符所要求的数据类型完全一致。

这意味着，首先 VHDL 设计者不仅要了解所用的操作符的操作功能，而且还要了解此操作符所要求的操作数的数据类型；其次需注意操作符之间是有优先级别的，它们的优先级如表 3-1 所示。操作符 NOT、ABC 和**运算级别最高，在算式中被最优先执行。除 NOT 以外的逻辑操作符的优先级别最低，所以在编程中应注意括号的正确应用。

表 3-1　VHDL 操作符优先级

操作符	优先级
NOT, ABS, **	最高优先级
*, /, MOD, REM	
+ (正号), −(负号)	↑
+, −, &	
SLL, SLA, SRL, SRA, ROL, ROR	
=, /= ,<, <=, >, >=	最低优先级
AND, OR, NAND, NOR, XOR, XNOR	

1. 逻辑操作符

VHDL 共有 7 种基本逻辑操作符，如表 3-2 所示，它们是 AND(与)、OR(或)、NAND(与非)、NOR(或非)、XOR(异或)、XNOR (异或非)和 NOT(非)。信号或变量在这些操作符的直接作用下，可构成组合电路。

表 3-2　VHDL 的逻辑操作符

类　型	操作符	功　能	操作数的数据类型
逻辑操作符	AND	与	BIT，BOOLEAN，STD_LOGIC
	OR	或	BIT，BOOLEAN，STD_LOGIC
	NAND	与非	BIT，BOOLEAN，STD_LOGIC
	NOR	或非	BIT，BOOLEAN，STD_LOGIC
	XOR	异或	BIT，BOOLEAN，STD_LOGIC
	XNOR	异或非	BIT，BOOLEAN，STD_LOGIC
	NOT	非	BIT，BOOLEAN，STD_LOGIC

逻辑操作符所要求的操作数(如变量或信号)的数据类型有 3 种，即 BIT、BOOLEAN 和 STD_LOGIC。操作数的数据类型也可以是一维数组，其数据类型则必须为 BIT_VECTOR 或 STD_LOGIC_VECTOR。由表 3-1 可见，在所有的操作符中，除 NOT 外，逻辑操作符的优先级别是最低的。程序 3.16 是一组逻辑运算操作示例，请注意它们的运算表达方式和不加括号的条件。

【程序 3.16】

```
SIGNAL a, b, C : STD_LOGIC_VECTOR (3 DOWNTO 0);
SIGNAL d, e, f, g : STD_LOGIC_VECTOR (1 DOWNTO 0);
SIGNAL h, i, j, k :STD_LOGIC;
```

```
SIGNAL l, m, n, O, p :BOOLEAN;
a<=b AND C ;                    -- b、c相与后向a赋值
d<=e OR f OR g;                 --两个操作符OR相同,不需括号
h<=(i NAND j) NAND k ;          --NAND不属上述3种算符中的一种,必须加括号
l<= (m XOR n)AND(o XOR p);      --操作符不同,必须加括号
h<=i AND j AND k;               --两个操作符都是AND,不必加括号
h<=i AND j OR k;                --两个操作符不同,未加括号,表达错误
a<=b AND e ;                    --操作数b与e的位矢长度不一致,表达错误
h<=i OR l;                      --i和l的数据类型不同,不能相互作用,表达错误
```

表 3-3 是 7 种基本逻辑操作符对逻辑位 BIT 的逻辑操作真值表。

表 3-3 逻辑操作真值表

操作数		逻辑操作符						
a	b	NOT a	a AND b	a OR b	a XOR b	a NAND b	a NOR b	a XNOR b
0	0	1	0	0	0	1	1	1
0	1	1	0	1	1	1	0	0
1	0	0	0	1	1	1	0	0
1	1	0	1	1	0	0	0	1

2. 关系操作符

关系操作符的作用是将相同数据类型的数据对象进行数值比较或关系排序判断,并将结果以布尔类型(BOOLEAN)的数据表示出来,即 TRUE 或 FALSE 两种。VHDL 提供了表 3-4 所示的 6 种关系运算操作符:"="(等于)、"/="(不等于)、">"(大于)、"<"(小于)、">="(大于等于)和"<="(小于等于)。

表 3-4 VHDL 的关系运算操作符

类 型	操作符	功 能	操作数数据类型
关系操作符	=	等于	任何数据类型
	/=	不等于	任何数据类型
	>	大于	枚举与整数类型,以及对应的一维数组
	<	小于	枚举与整数类型,以及对应的一维数组
	>=	大于等于	枚举与整数类型,以及对应的一维数组
	<=	小于等于	枚举与整数类型,以及对应的一维数组

VHDL 规定,等于和不等于操作符的操作对象可以是 VHDL 中的任何数据类型构成的操作数。例如,对于标量型数据 a 和 b,如果它们的数据类型相同,且数值也相同,则(a=b)的运算结果是 TRUE;(a /= b)的运算结果是 FALSE。对于数组或记录类型(复合型或称非标量型)的操作数,VHDL 编译器将逐位比较对应位置各位数值的大小。只有当等号两边数据中的每一对应位全部相等时才返回 BOOLEAN 结果 TRUE。对于不等号的比较,等号两边数据中的任一元素不等则判为不等,返回值为 TRUE。余下的关系操作符<、<=、>和>=称为排序操作符,它们的操作对象的数据类型有一定限制。允许的数据类型包括所有枚举数

据类型、整数数据类型以及由枚举型或整数型数据类型元素构成的一维数组。不同长度的数组也可进行排序。VHDL 的排序判断规则是，整数型数据的大小排序坐标是从正无限到负无限，枚举型数据的大小排序方式与它们的定义方式一致。例如：

```
'1'>'0';  TRUE > FALSE ;  a > b (若a=1, b=0)
```

在下例关系操作符中，VHDL 都判为 TRUE：

```
'1'= '1';
"101" = "101" ;
"101" < "110"
```

程序 3.17 是关系运算符的应用示例。

【程序 3.17】

```
ENTITY relational_1 IS
  PORT(a,b : IN INTEGER RANGE 0 TO 3;
    m : OUT BOOLEAN) ;
END relational_1 ;
ARCHITECTURE example OF relational_1 IS
BEGIN
    output <= (a >= b) ;
END example ;
```

3. 算术操作符

VHDL 的算术操作符可以分成表 3-5 所示的 5 类操作符。

表 3-5　算术操作符分类表

序号	类别	算术操作符分类
1	求和操作符(Adding operators)	+(加)，-(减)，&(并置)
2	求积操作符(Multiplying operators)	*，/，MOD，REM
3	符号操作符(Sign operators)	+(正)，-(负)
4	混合操作符 (Miscellaneous)	**，ABS
5	移位操作符(Shift operators)	SLL，SRL，SLA，SRA，ROL，ROR

1)　求和操作符

VHDL 中的求和操作符包括加、减操作符和并置操作符。加、减操作符的运算规则与常规的加减法是一致的，VHDL 规定它们的操作数的数据类型是整数。对大于位宽为 4 的加法器和减法器，VHDL 综合器将调用库元件进行综合。以下是两个求和操作示例。

【程序 3.18】

```
VARIABLE a, b,c ,d,e, f : INTEGER RANGE 0 TO 255 ;
a :=b+c ;   d:=e-f; ...
```

【程序 3.19】

```
PROCEDURE adding (a : IN INTEGER ; b : INOUT INTEGER ) IS .
b:=a+b;
```

2) 并置操作符

并置操作符&的操作数的数据类型是一维数组,可以利用并置符将普通操作数或数组组合起来形成各种新的数组。例如,"VH"&"DL"的结果为"VHDL";'0'&'1'的结果为"01",连接操作常用于字符串。利用并置符,可以有多种方式来建立新的数组,如可以将一个单元素并置于一个数的左端或右端形成更长的数组,或将两个数组并置成一个新数组等,在实际运算过程中,要注意并置操作前后的数组长度应一致。以下是一些并置操作示例。

【程序 3.20】

```
SIGNAL a, d : STD_ LOGIC_ VECTOR (3 DOWNTO 0) ;
SIGNAL b, c, g : STD_LOGIC_VECTOR (1 DOWNTO 0) ;
SIGNAL e : STD_LOGIC_VECTOR (2 DOWNTO 0) ;
SIGNAL f, h, i : STD_LOGIC ;
a<=NOT b & NOT c;          --数组与数组并置,并置后的数组长度为4
d<=NOT e & NOT f;          --数组与元素并置,并置后的数组长度为4
g<=NOT h & i;              --元素与元素并置,形成的数组长度为2
a <= '1' & '0' & b(1) &e(2) ;  --元素与元素并置,并置后的数组长度为4
'0'&c <= e ;               --错误!不能在赋值号的左边置并置符
IF a & d = "10100011 " THEN ... --在 IF 条件句中可以使用并置符
```

3) 求积操作符

求积操作符包括*(乘)、/(除)、MOD (取模)和 RED (取余)4 种操作符。VHDL 规定,乘与除的数据类型是整数和实数(包括浮点数)。在一定条件下,还可对物理类型的数据对象进行运算操作。虽然在一定条件下,乘法和除法运算是可综合的,但从优化综合、节省芯片资源的角度出发,最好不要轻易使用乘除操作符。

操作符 MOD 和 RED 的本质与除法操作符是一样的,因此,可综合地取模和取余的操作数也必须是以 2 为底数的幂。MOD 和 RED 的操作数数据类型只能是整数,运算操作结果也是整数。以下是可综合的求积操作示例。

【程序 3.21】

```
SIGNAL a, b, c, d, e, f, g, h : INTEGER RANGE 0 TO 15;
a<=b*4;          -- a 不能大于 15
c<=d/4;          --c 必须是 0～15 间的值
e<=f MOD 4;
g<=h REM 4;
```

【程序 3.22】

```
VARIABLE c : Real ;
c:= 12.34*( 234.4/43.89 ) ;
```

尽管综合器对求积操作(*、/、MOD、REM)的逻辑实现同样会做一些优化处理,但其电路实现所耗费的硬件资源仍巨大。乘方运算符的逻辑实现,要求它的操作数是常数或是 2 的乘方时才能被综合;对于除法,除数必须是底数为 2 的幂(综合中可以通过右移来实现除法)。

4) 符号操作符

符号操作符 "+" 和 "-" 的操作数只有一个,操作数的数据类型是整数,操作符 "+"

对操作数不做任何改变，操作符"-"作用于操作数后的返回值是对原操作数取负。在实际使用中，取负操作数需加括号。例如：

```
Z := x*(-y) ;
```

5)　混合操作符

混合操作符包括乘方"**"操作符和取绝对值"ABS"操作符两种。VHDL 规定，它们的操作数数据类型一般为整数类型。乘方(**)运算的左边可以是整数或浮点数，但右边必须为整数，而且只有在左边为浮点数时，其右边才可以为负数。一般地，VHDL 综合器要求乘方操作符作用的操作数的底数必须是 2。以下的设计示例是可综合的。

【程序 3.23】

```
SIGNAL a,b : INTEGER RANGE -8 to7;
SIGNAL c : INTEGER RANGE 0 to 15;
SIGNAL d : INTEGER RANGE 0 to 3;
a <= ABS(b) ;
c<=2**d ;
```

6)　移位操作符

6 种移位操作符 SLL、SRL、SLA、SRA、ROL 和 ROR 都是 VHDL' 93 标准新增的运算符，在 1987 标准中没有。VHDL' 93 标准规定移位操作符作用的操作数的数据类型应是一维数组，并要求数组中的元素必须是 BIT 或 BOOLEAN 的数据类型，移位的位数则是整数。在 EDA 工具所附的程序包中重载了移位操作符以支持 STD_LOGIC_VECTOR 及 INTEGER 等类型。移位操作符左边可以是支持的类型，右边则必定是 INTEGER 型。如果操作符右边是 INTEGER 型常数，移位操作符实现起来比较节省硬件资源。其中 SLL 是将位矢向左移，右边跟进的位补零；SRL 的功能恰好与 SLL 相反；ROL 和 ROR 的移位方式稍有不同，它们移出的位将用于依次填补移空的位，执行的是自循环式移位方式；SLA 和 SRA 是算术移位操作符，其移空位用最初的首位来填补。

移位操作符的语句格式如下：

标识符 移位操作符 移位位数；

程序 3.24 是移位操作符的示例。

【程序 3.24】

```
LIBRARY IEEE ;
USE IEEE.STD_LOGIC_1164.ALL ;
ENTITY shift1 IS
    PORT (a, b : IN STD_LOGIC_VECTOR ( 7 DOWN TO 0 );
        out1, out2 : OUT STD_LOGIC_VECTOR (7 DOWNTO 0) ) ;
END shift1 ;
ARCHITECTURE example OF shift1 IS
BEGIN
    out1<=a SLL 2;
    out2<=b ROL 2;
END example ;
```

3.4 顺 序 语 句

顺序语句(sequential statements)是 VHDL 程序设计中的基本描述语句系列。在逻辑系统的设计中，这些语句从多个侧面完整地描述了数字系统的硬件结构和基本逻辑功能，其中包括通信的方式、信号的赋值、多层次的元件例化以及系统行为等。每一条顺序语句的执行(指仿真执行)顺序是与它们的书写顺序基本一致的。顺序语句只能出现在进程(process)和子程序中，子程序包括函数(function)和过程(procedure)。

在 VHDL 中，一个进程是由一系列顺序语句构成的，而进程本身属并行语句，这就是说，在同一设计实体中，所有的进程是并行执行的。然而任一给定的时刻内，在每一个进程内，只能执行一条顺序语句。一个进程与其设计实体的其他部分进行数据交换的方式只能通过信号或端口。如果要在进程中完成某些特定的算法和逻辑操作，也可以通过依次调用子程序来实现，但子程序本身并无顺序和并行语句之分。利用顺序语句可以描述逻辑系统中的组合逻辑、时序逻辑或它们的综合体。VHDL 有 6 类基本顺序语句，即赋值语句、流程控制语句、WAIT 语句、返回语句(RETURN)、空操作语句(NULL)和子程序调用语句。

3.4.1 赋值语句

赋值语句的功能就是将一个值或一个表达式的运算结果传递给某一数据对象，如信号或变量，或由此组成的数组。VHDL 设计实体内的数据传递以及对端口界面外部数据的读写都必须通过赋值语句的运行来实现。

1. 信号和变量赋值

赋值语句有两种，即信号赋值语句和变量赋值语句。每一种赋值语句都由 3 个基本部分组成，它们是赋值目标、赋值符号和赋值源。赋值目标是所赋值的受体，它的基本元素只能是信号或变量，但表现形式可以有多种，如文字、标识符、数组等。赋值符号只有两种：信号赋值符号是"<="；变量赋值符号是": ="。赋值源是赋值的主体，它可以是一个数值，也可以是一个逻辑或运算表达式。VHDL 规定，赋值目标与赋值源的数据类型必须严格一致。

变量赋值与信号赋值的区别在于：变量具有局部特征，它的有效性只局限于所定义的一个进程中或一个子程序中；信号赋值是一个局部的、暂时性数据对象，对于它的赋值是立即发生的，即一种时间延迟为零的赋值行为。

信号则不同，信号具有全局性特征，它不但可以作为一个设计实体内部各单元之间数据传送的载体，而且可通过信号与其他的实体进行通信(端口本质上也是一种信号)，信号的赋值并不是立即发生的，它发生在一个进程结束时。赋值过程总是有某种延时的，它反映了硬件系统的重要特性，综合后可以找到与信号对应的硬件结构，如一根传输导线、一个输入输出端口或一个 D 触发器等。

注意，千万不要从以上对信号和变量的描述中得出结论：变量赋值只是一种纯软件效应，不可能产生与之对应的硬件结构。事实上，变量赋值的特性是 VHDL 语法的要求，是行为仿真流程的规定。实际情况是，在某些条件下变量赋值行为与信号赋值行为所产生的硬件结果是相同的，如都可以向系统引入寄存器。

变量赋值语句和信号赋值语句的语法格式如下：

变量赋值目标:=赋值源；
信号赋值目标<=赋值源；

在同一进程中，同一信号赋值目标有多个赋值源时，信号赋值目标获得的是最后一个赋值源的赋值，其前面相同的赋值目标不做任何变化。当同一赋值目标处于不同进程中时，其赋值结果就比较复杂了，这可以看作多个信号驱动源连接在一起，可以发生线与、线或或者三态等不同结果。

【程序 3.25】

```
SIGNAL s1 ,s2 : STD_ LOGIC;
SIGNAL svec : STD_ LOGIC_ VECTOR (0 TO 7) ;
PROCESS ( s1 ,s2 )
VARIABLE v1 ,v2 : STD_ LOGIC ;
BEGIN
v1:='1';                    --立即将 v1 置位为 1
v2:='1';                    --立即将 v2 置位为 1
s1<='1';                    --s1 被赋值为 1
s2<='1';                    --s2 不是最后一个赋值语句，故不做任何赋值操作
svec(0) <= v1;              --将 v1 在上面的赋值 1，赋给 svec(0)
svec(1) <= v2;              --将 v2 在上面的赋值 1，赋给 svec(1)
svec(2) <= s1;              --将 s1 在上面的赋值 1，赋给 svec(2)
svec(3) <= s2;              --将最下面赋予 s2 的值'0'，赋给 svec (3)
v1:='0';                    --将 v1 置入新值 0
v2:='0';                    --将 v2 置入新值 0
s2<='0';                    --由于这是 s2 最后一次赋值，赋值有效
svec(4) <= v1;              --将 v1 在上面的赋值 0，赋给 svec(4)
svec(5) <= v2;              --将 v2 在上面的赋值 0，赋给 svec(5)
svec(6) <= s1;              --将 s1 在上面的赋值 1，赋给 svec(6)
svec(7) <= s2;              --将 s2 在上面的赋值 0，赋给 svec(7)
END PROCESS ;
```

赋值语句中的赋值目标有 4 种类型。

2. 标识符赋值目标

以简单的标识符作为信号或变量名，这类名字可作为标识符赋值目标，如程序 3.26 所示。

【程序 3.26】

```
VARIABLE a, b : STD_ LOGIC ;
SIGNAL c1 : STD_ LOGIC_ VECTOR (1 TO 4) ;
   a := '1';
   b := '0';
   c1 := "1100" ;         --其中 a、b、c1 都属标识符赋值目标
```

3. 数组单元素赋值目标

数组单元素赋值表达式的赋值目标可表达为：

标识符(下标名)

在这里标识符是数组类信号或变量的名字。下标名可以是一个具体的数字，也可以是一个以文字表示的数字名，它的取值范围在该数组元素个数范围内。下标名若是未明确表示取值的文字(不可计算值)，则在综合时将耗用较多的硬件资源，且一般情况下不能被综合。程序 3.27 对这类赋值目标的使用做具体说明。

【程序 3.27】

```
SIGNAL a, b : STD_LOGIC_VECTOR (0 TO 3) ;
SIGNAL I : INTEGER RANGE 0 TO 3;
SIGNAL y, z : STD_LOGIC;
......                          --有关的定义和进程语句以下相同
    a<="1010";
    b<="1000";
    a(I)<=y;                     --对文字下标信号元素赋值
    b(3)<=z;                     --对数值下标信号元素赋值
```

4. 段下标元素赋值目标

段下标元素赋值目标可用以下方式表示：

标识符(下标指数 1 TO (或 DOWNTO) 下标指数 2)

这里的标识符含义同上。括号中的两个下标指数必须用具体数值表示，并且其数值范围必须在所定义的数组下标范围内，两个下标数的排序方向要符合方向关键词 **TO** 或 **DOWNTO**。具体用法如程序 3.28 所示。

【程序 3.28】

```
VARIABLE a, b : STD_LOGIC_VECTOR (1 TO 4) ;
a(1 TO 2) := "10";           --等效于 a(1) :='1', a(2) := '0'
b(1 To 4) := "1011";
```

5. 集合块赋值目标

先来看以下赋值示例。

【程序 3.29】

```
SIGNAL a, b, c,d : STD_LOGIC;
SIGNAL s : STD_LOGIC_VECTOR (1 TO 4) ;
VARIABLE e,f : STD_LOGIC;
VARIABLE g : STD_LOGIC_VECTOR (1 TO 2) ;
VARIABLE h : STD_ LOGIC_ VECTOR (1 TO 4) ;
s <= ('0', '1', '0', '0' );
(a,b,c,d)<=s;                        --位置关联方式赋值
(3=>e, 4=>f, 2 =>g(1) , 1=>g(2) ) := h ;      --名字关联方式赋值
```

以上的赋值方式是几种比较典型的集合块赋值方式，其赋值目标是以一个集合的方式来赋值的。对目标中的每个元素进行赋值的方式有两种，即位置关联赋值方式和名字关联赋值方式。示例中的信号赋值语句属于位置关联赋值方式，其赋值结果等效于：

```
a<='0'; b<='1'; c<='0'; d<='0';
```

示例中的变量赋值语句属于名字关联赋值方式，赋值结果等效于：

```
g(2):=h(1); g(1):=h(2); e:=h(3); f:=h(4);
```

3.4.2　流程控制语句

流程控制语句通过条件控制开关决定是否执行一条或几条语句，或重复执行一条或几条语句，或跳过一条或几条语句。流程控制语句共有 5 种，即 IF 语句、CASE 语句、LOOP 语句、NEXT 语句和 EXIT 语句。

1. IF 语句

IF 语句是一种条件语句，它根据语句中所设置的一种或多种条件，有选择地执行指定的顺序语句。IF 语句的语句结构有以下 3 种：

```
IF 条件句 Then              --第一种 IF 语句结构
    顺序语句
END IF

IF  条件句 Then             --第二种 IF 语句结构
    顺序语句
ELSE
    顺序语句
END IF

IF  条件句 Then             --第三种 IF 语句结构
    顺序语句
ELSIF 条件句 Then
    顺序语句
ELSE
    顺序语句
END IF
```

IF 语句中至少应有一个条件句，条件句必须由 BOOLEAN 表达式构成。IF 语句根据条件句产生的判断结果 TRUE 或 FALSE，有条件地选择执行其后的顺序语句。第一种条件语句的执行情况是，当执行到此句时，首先检测关键词 IF 后的条件表达式的布尔值是否为真(TRUE)，如果条件为真，于是(THEN)将顺序执行条件句中列出的各条语句，直到"END IF"，即完成全部 IF 语句的执行。如果条件检测为假(FALSE)，则跳过以下顺序语句不予执行，直接结束 IF 语句的执行。这是一种最简化的 IF 语句表达形式，如程序 3.30 所示。

【程序 3.30】

```
IF (a>b) THEN
    output <=' 1 ' ;
END IF ;
```

在此例中，若条件句(a>b)的检测结果为 TRUE，则向信号 output 赋值 1；否则此信号维持原值。

与第一种 IF 语句相比，第二种 IF 语句差异仅在于当所测条件为 FALSE 时，并不直接跳到 END IF 结束条件句的执行，而是转向 ELSE 以下的另一段顺序语句进行执行。所以，第二种 IF 语句具有条件分支的功能，就是通过测定所设条件的真假以决定执行哪一组顺序语句，在执行完其中一组语句后，再结束 IF 语句的执行。程序 3.31 利用了第二种 IF 语句完成一个具有 2 输入与门功能的函数定义。IF 语句中的条件结果必须是 BOOLEAN 类型值。

【程序 3.31】

```
FUNCTION and_func (x, y : IN BIT ) RETURN BIT IS
BEGIN
    IF x='1' AND y= '1'  THEN  RETURN '1' ;
        ELSE RETURN '0' ;
    END IF ;
END and_func ;
```

第三种 IF 语句通过关键词 ELSIF 设定多个判定条件，以使顺序语句的执行分支可以超过两个。这一语句的使用需注意的是，任一分支顺序语句的执行条件是以上各分支所确定条件的相与(即相关条件同时成立)。

图 3-3 中由两个 2 选 1 多路选择器构成的电路逻辑的
VHDL 描述如程序 3.32 所示，其中 p1 和 p2 分别是两个
多路选择器的通道选择开关，当为高电平时下端的通道
接通。

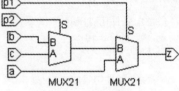

【程序 3.32】

图 3-3　双 2 选 1 多路选择器电路

```
SIGNAL a,b,c,p1,p2,Z : BIT;
IF  (p1 ='1')  THEN
    Z<=a;                    --满足此语句的执行条件是(p1 ='1')
ELSIF  (p2 ='0')  THEN
    Z<=b;                    --满足此语句的执行条件是(p1 ='0') AND (p2 ='0')
ELSE
    z<=c;                    --满足此语句的执行条件是(p1 ='0') AND (p2 ='1')
END IF;
```

从程序 3.32 可以看出，第三种 IF 语句即 IF-THEN-ELSIF 语句中顺序语句的执行条件具有向上相与的功能。

2.CASE 语句

CASE 语句根据满足的条件直接选择多项顺序语句中的一项执行。

CASE 语句的结构如下：

```
CASE 表达式 IS
    When 选择值 => 顺序语句;
    When 选择值 => 顺序语句;
    When others => 顺序语句;
END CASE ;
```

当执行到 CASE 语句时，首先计算表达式的值，然后根据条件句中与之相同的选择值，执行对应的顺序语句，最后结束 CASE 语句。表达式可以是一个整数类型或枚举类型的值，也可以是由这些数据类型的值构成的数组。注意，条件句中的 "=>" 不是操作符，它只相当于 THEN 的作用。

多条件选择值的一般表达式为：
选择值 [|选择值]

选择值可以有 4 种不同的表达方式：

```
CASE s IS
    WHEN 1 => Y<="00";          --单个普通数值
    WHEN 2 TO 4 => Y<="01";     --数值选择范围，表示取值为 2、3 或 4
    WHEN 5|6 => Y<="10";        --并列数值，表示取值为 5 或者 6
    WHEN 7|8 TO 9 => Y<="11";   --混合方式，以上 3 种方式的混合
END CASE;
```

使用 CASE 语句需注意以下几点。

(1) 条件中的选择值必在表达式的取值范围内，且只能出现一次，不能有相同选择值的条件语句出现。

(2) 除非所有条件句中的选择值能完整覆盖 CASE 语句中表达式的取值，否则最后一个条件句中的选择必须用 OTHERS 表示，它代表已给的所有条件句中未能列出的其他可能的取值；关键词 OTHERS 只能出现一次，且只能作为最后一种条件取值；使用 OTHERS 的目的是使条件句中的所有选择值能涵盖表达式的所有取值，以免综合器汇入不必要的锁存器，这一点对于定义为 STD_LOGIC 和 STD_LOGIC_VECTOR 数据类型的值尤为重要，因为这些数据对象的取值除了 0 和 1 外，还可能有其他的取值，如高阻态 Z、不定态 X 等。

(3) CASE 语句执行中必须选中且只能选中所列条件语句中的一条，这表明 CASE 语句中至少要包含一个条件语句。

程序 3.33 是一个用 CASE 语句描述的 4 选 1 多路选择器的 VHDL 程序。

【程序 3.33】

```
LIBRARY IEEE;
USE IEEE.STD_LOGIC_1164. ALL;
ENTITY mux4_1 I S
PORT (s1, s2 : IN STD_LOGIC;
    a, b, c, d : IN STD_LOGIC;
    z : OUT STD_LOGIC) ;
END ENTITY mux4_1 ;
ARCHITECTURE activ OF mux4_1 IS
SIGNAL s : STD_LOGIC_VECTOR (1 DOWNTO 0) ;
BEGIN
    s<=s1&s2;
PROCESS (s, a, b, c, d) --注意，这里必须以 s 为敏感信号，而非 s1 和 s2
  BEGIN
    CASE s IS
      WHEN "00" => z<=a;
      WHEN "01" => z<=b;
      WHEN "10" => z<= c ;
      WHEN "11" => z<= d ;
      WHEN OTHERS => z<= 'X' ;   --注意，这里的 x 必须大写！
    END CASE ;
END PROCESS ;
End activ ;
```

注意，程序 3.33 中的第五个条件句是必需的，因为对于定义为 STD_LOGIC_VECTOR 数据类型的 s，在 VHDL 综合过程中，它可能的选择值除了 00、01、10 和 11 外，还可以有其他定义于 STD_LOGIC 的选择值。另外需要特别注意的是，WHEN OTHERS => z<='X'一句中的 X 必须大写，否则为错，这是由于必须与程序包中对数据类型 STD_LOGIC 的最初定

义 致。

与 IF 语句相比，CASE 语句组的程序可读性比较好，这是因为它把条件中所有可能出现的情况全部列出来了，可执行条件一目了然。而且 CASE 语句的执行过程不像 IF 语句那样有一个逐项条件顺序比较的过程。CASE 语句中条件句的次序是不重要的，它的执行过程更接近于并行方式。一般地，综合后对相同的逻辑功能，CASE 语句比 IF 语句的描述耗用更多的硬件资源，不但如此，对于有的逻辑，CASE 语句无法描述，只能用 IF 语句来描述，这是因为 IF-THEN-ELSLF 语句具有条件相与的功能和自动将逻辑值包括进去的功能(逻辑值 "-" 有利于逻辑的化简)，而 CASE 语句只有条件相或的功能。

3. LOOP 语句

LOOP 语句能使程序进行有规则的循环，循环的次数受迭代算法的控制，常用来描述迭代电路的行为。LOOP 语句有以下 3 种形式。

(1) 单个 LOOP 语句，其语法格式如下：

```
[ LOOP 标号: ] LOOP
    顺序语句
END LOOP [ LOOP 标号];
```

这种循环方式是一种最简单的语句形式，它的循环方式需引入其他控制语句(如 EXIT 语句)后才能确定；"LOOP 标号"可任选。其用法如程序 3.34 所示。

【程序 3.34】

```
L2 : LOOP
    a := a+1;
EXIT L2 WHEN a >10 ;      --当 a 大于 10 时跳出循环
END LOOP L2;
```

此程序的循环方式由 EXIT 语句确定，当 a>10 时结束循环执行 a :=a+1。

(2) FOR-LOOP 语句，格式如下：

```
[LOOP 标号: ] FOR 循环变量 IN 离散范围 LOOP
    顺序语句;
END LOOP [LOOP 标号];
```

FOR-LOOP 语句中的循环变量是一个临时变量，属于 LOOP 语句的局部变量，不必事先定义，这个变量只能作为赋值源，不能被赋值，它的值在每次循环中都发生变化，IN 后面跟随的离散范围表示循环变量在循环过程中依次取值的范围。建议使用 EDA 综合工具支持 FOR-LOOP 语句。

程序 3.35 是一个 8 位奇偶校验逻辑电路的 VHDL 程序。

【程序 3.35】

```
LIBRARY IEEE;
USE IEEE.STD_LOGIC_1164. ALL;
ENTITY check IS
    PORT ( a : IN STD_LOGIC_VECTOR (7 DOWNTO 0) ;
        y:OUT STD_LOGIC);
END check;
ARCHITECTURE a OF check IS
```

```
SIGNAL tmp : STD_LOGIC ;
BEGIN
PROCESS (a)
    BEGIN
        tmp <='0' ;
        FOR n IN 0 TO 7 LOOP            --n 是整数循环变量, 取值范围为 0~7
            tmp <= tmp XOR a(n) ;
END LOOP ;
        y <= tmp;
END PROCESS;
END a;
```

(3) WHILE-LOOP 语句，语法格式如下：

```
[标号: ] WHILE 循环控制条件 LOOP
    顺序语句
END LOOP [标号];
```

与 FOR-LOOP 语句不同的是，WHILE-LOOP 语句并没有给出循环次数范围，没有自动递增循环变量的功能，而是只给出了循环执行顺序语句的条件。这里的循环控制条件可以是任何布尔表达式，如 a=0 或 a>b。当条件为 TRUE 时，继续循环；为 FALSE 时，跳出循环，执行 END LOOP 后的语句。此语句的应用如程序 3.36 所示。

【程序 3.36】

```
Shift1 : PROCESS (inputx)
VARIABLE n : POSITIVE := 1;
BEGIN
    L1 : WHILE n<=8 LOOP        --这里的 "<=" 是小于等于的意思
        outputx(n)<=inputx(n + 8) ;
        n:=n+1;
    END LOOP L1 ;
END ROCESS Shift1;
```

在 WHILE-LOOP 语句的顺序语句中增加了一条循环次数的计算语句，用于循环语句的控制，在循环执行中，当 n 的值等于 9 时将跳出循环。

4. NEXT 语句

NEXT 语句主要用在 LOOP 语句执行中进行有条件的或无条件的转向控制。它的语句格式有以下 3 种：

```
NEXT;                          --第一种语句格式
NEXT LOOP 标号;                --第二种语句格式
NEXT LOOP 标号 WHEN 条件表达式;   --第三种语句格式
```

对于第一种语句格式，当 LOOP 内的顺序语句执行到 NEXT 语句时，立即无条件终止当前的循环，跳回到本次循环 LOOP 语句处，开始下一次循环。

对于第二种语句格式，即在 NEXT 旁加 "LOOP 标号" 后的语句功能，与未加 "LOOP 标号" 的功能是基本相同的，只是当有多重 LOOP 语句嵌套时，前者可以转跳到指定标号的 LOOP 语句处，重新开始执行循环操作。

第三种语句格式中，分句 "WHEN 条件表达式" 是执行 NEXT 语句的条件，如果条件表达式的值为 TRUE，则执行 NEXT 语句，进入转跳操作；否则继续向下执行。但当只有单层 LOOP 循环语句时，关键词 NEXT 与 WHEN 之间的"LOOP 标号"可以如程序 3.37 那样省去。

【程序 3.37】

```
L1 : FOR cnt_value IN 1 TO 8 LOOP
s1 : a (cnt_value) := '0';
    NEXT WHEN (b=c) ;
s2 : a (cnt_value+8) := '0';
END LOOP L1 ;
```

在程序 3.37 中，当程序执行到 NEXT 语句时，如果条件判断式(b=c)的结果为 TRUE，将执行 NEXT 语句，并返回到 L1，使 cnt_value 加 1 后执行 s1 开始的赋值语句；否则将执行 s2 开始的赋值语句。

5. EXIT 语句

EXIT 语句与 NEXT 语句具有十分相似的语句格式和转跳功能，它们都是 LOOP 语句的内部循环控制语句；EXIT 的语句格式也有 3 种：

```
EXIT;                        --第一种语句格式
EXIT LOOP 标号;              --第二种语句格式
EXIT LOOP 标号 WHEN 条件表达式;   --第三种语句格式
```

EXIT 语句的转跳方向是 LOOP 标号指定的 LOOP 循环语句的结束处，即完全跳出指定的循环，并开始执行此循环外的语句。

程序 3.38 是一个两元素位矢量值比较程序。在程序中，当发现比较值 a 与 b 不同时，由 EXIT 语句跳出循环比较程序，并报告比较结果。

【程序 3.38】

```
SIGNAL a, b : STD_LOGIC_VECTOR (1 DOWNTO 0) ;
SIGNAL a_b : Boolean;
a_b <= FALSE ;               --设初始值
FOR i IN 1 DOWNTO 0 LOOP
   IF (a(i)='1' AND b(i)='0' ) THEN
      a_b <= FALSE ;          --a>b
   EXIT ;
   ELSIF (a(i)='0' AND b(i)='1') THEN
      a_b<=TRUE;              --a<b
   EXIT ;
   ELSE NULL;
   END IF ;
END LOOP ;                    --当i=1时返回LOOP语句继续比较
```

NULL 为空操作语句，是为了满足 ELSE 的转换。此程序先比较 a 和 b 的高位，高位是 1 者为大，输出判断结果 TRUE 或 FALSE 后中断比较程序；当高位相等时，继续比较低位，这里假设 a 不等于 b。

3.4.3 WAIT 语句

在进程中，当执行到 WAIT 语句时，运行程序将被挂起，直到满足此语句设置的结束挂起条件后，将重新开始执行进程或过程中的程序。对于不同的结束挂起条件的设置，WAIT

语句有以下 4 种不同的语句格式：

```
WAIT;                    --第一种语句格式
WAIT ON 信号表;           --第二种语句格式
WAIT UNTIL 条件表达式;     --第三种语句格式
WAIT FOR 时间表达式;       --第四种语句格式, 超时等待语句
```

第一种语句格式中，未设置停止挂起条件的表达式，表示永远挂起。

第二种语句格式称为敏感信号等待语句，在信号表中列出的信号是等待语句的敏感信号，当处于等待状态时，敏感信号的任何变化(如从 0 到 1 或从 1 到 0 的变化)将结束挂起，再次启动进程。如程序 3.39 所示，在其进程中使用了 WAIT 语句。

【程序 3.39】

```
SIGNAL s1, s2 : STD_LOGIC;
PROCESS
BEGIN
    WAIT ON s1, s2 ;
END PROCESS ;
```

在执行此例中所有的语句后，进程将在 WAIT 语句处被挂起，直到 s1 或 s2 中任一信号发生改变时进程才重新开始。注意，此例中的 PROCESS 语句未列出任何敏感量。VHDL 规定，已列出敏感量的进程中不能使用任何形式的 WAIT 语句。一般地，WAIT 语句可用于进程中的任何地方。

第三种语句格式称为条件等待语句。相对于第二种语句格式，条件等待语句格式中又多了一种重新启动进程的条件，即被此语句挂起的进程需顺序满足以下两个条件进程才能脱离挂起状态：

(1) 在条件表达式中所含的信号发生了改变。

(2) 此信号改变后，且满足 WAIT 语句所设的条件。

这两个条件不仅缺一不可，而且必须依照以上顺序来完成。

程序 3.40 中的(a)、(b)两种表达方式是等效的。

【程序 3.40】

(a) WAIT_UNTIL 结构：

```
Wait until enable ='1' ;
```

(b) WAIT_ON 结构：

```
LOOP
    Wait on enable;
EXIT WHEN enable ='1';
END LOOP;
```

由以上脱离挂起状态、重新启动进程的两个条件可知，程序 3.40 结束挂起所需满足的条件实际上是一个信号的上跳沿。因为当满足所有条件后 enable 为 1，可推知 enable 一定是由 0 变化而来的。因此，程序 3.40 中进程的启动条件是 enable 出现一个上跳信号沿。

一般地，只有 WAIT_UNTIL 格式的等待语句可以被综合器接受，其余语句格式只能在 VHDL 仿真器中使用，WAIT_UNTIL 语句有以下 3 种表达方式：

```
WAIT  UNTIL 信号=value ;                          -- (1)
WAIT  UNTIL 信号'EVENT AND 信号=Value;             -- (2)
WAIT  UNTIL NOT 信号'STABLE AND 信号=Value;        -- (3)
```

如果设 clock 为时钟信号输入端，以下 4 条 WAIT 语句所设的进程启动条件都是时钟上跳沿，所以它们对应的硬件结构是一样的：

```
WAIT UNTIL clock ='1' ;
WAIT UNTIL rising_edge (clock) ;
WAIT UNTIL NOT clock' STABLE AND clock ='1' ;
WAIT UNTIL clock ='1 ' AND clock' EVENT;
```

第四种等待语句格式称为超时等待语句，在此语句中定义了一个时间段，从执行到当前的 WAIT 语句开始，在此时间段内，进程处于挂起状态，当超过这一时间段后，进程自动恢复执行。此语句不可综合，只能在仿真中使用。

3.4.4 返回语句

返回语句(RETURN)有两种语句格式：

```
RETURN;           --第一种语句格式
RETURN 表达式;    --第二种语句格式
```

第一种语句格式只能用于过程，它只是结束过程，并不返回任何值；第二种语句格式只能用于函数，并且必须返回一个值。返回语句只能用于子程序体中。执行返回语句将结束了程序的执行，无条件地转跳至子程序的结束处 END。用于函数的语句中的表达式提供函数返回值。每一个函数必须至少包含一个返回语句，并可以拥有多个返回语句，但是在函数调用时，只有其中一个返回语句可以将值带出。

程序 3.41 是一过程定义程序，它完成一个 RS 触发器的功能。注意，其中的时间延时语句和 REPORT 语句是不可综合的。

【程序 3.41】

```
PROCEDURE RS ( SIGNAL s, r : IN STD_ LOGIC ;
     SIGNAL q, nq : INOUT STD_ LOGIC )  IS
BEGIN
   IF ( s='1' AND r ='1') THEN
      REPORT "Forbidden state : s and r are quual to '1'";
      RETURN ;
   ELSE
      q <= s AND nq AFTER 5ns;
      nq <= s AND q AFTER 5ns;
   END IF ;
END PROCEDURE RS ;
```

当信号 s 和 r 同时为 1 时，在 IF 语句中的 RETURN 语句将中断过程。

3.4.5 空操作语句

空操作语句(NULL)的格式如下：

```
NULL;
```

空操作语句不完成任何操作，它唯一的功能就是使逻辑运行流程跨入下一步语句的执行。空操作语句常用于 CASE 语句中，为满足所有可能的条件，利用空操作语句来表示所余的不用条件下的操作行为。

在程序 3.42 的 CASE 语句中，空操作语句用于排除一些不用的条件。

【程序 3.42】

```
CASE Opcode IS
    WHEN "001" => tmp := rega AND regb ;
    WHEN "101" => tmp := rega OR regb ;
    WHEN "110" => tmp := NOT rega ;
    WHEN OTHERS => NULL ;
END CASE ;
```

此例类似于一个 CPU 内部的指令译码器功能，"001"和"101"及"110" 分别代表指令操作码，对于它们所对应在寄存器中的操作数的操作算法，CPU 只对这 3 种指令码做出反应，当出现其他码时，不做任何操作。

3.4.6 子程序调用语句

在进程中允许对子程序进行调用。对子程序的调用语句是顺序语句的一部分。子程序包括过程和函数，可以在 VHDL 的结构体或程序包中的任何位置对子程序进行调用。

从硬件角度讲，一个子程序的调用类似于一个元件模块的例化。也就是说，VHDL 综合器为子程序(函数和过程)的每一次调用都生成一个电路逻辑块，所不同的是，元件的例化将产生一个新的设计层次，而子程序调用只对应于当前层次的一个部分。

1. 过程调用

过程调用就是执行一个给定名字和参数的过程。调用过程的语句格式如下：

过程名 [（ [形参名 =>] 实参表达式
        {, [形参名 =>] 实参表达式 })];

括号中的"实参表达式"称为实参，它可以是一个具体的数值，也可以是一个标识符，是当前调用程序中过程形参的接受体。在此调用格式中， "形参名"即为当前欲调用的过程中已说明的参数名，即与实参表达式相联系的形参名。被调用中的形参名与调用语句中的实参表达式的对应关系有位置关联法和名字关联法两种，位置关联法可以省去形参名。

一个过程的调用需完成以下 3 个步骤。

(1) 将 IN 和 INOUT 模式的实参值赋给欲调用的过程中与它们对应的形参。

(2) 执行这个过程。

(3) 将过程中 IN 和 INOUT 模式的形参值赋还给对应的实参。

程序 3.43 是返回两数中的较小数值的过程描述以及对该过程的调用。

【程序 3.43】

```
Architecture a of exam1 is
procedure min(x,y : in std_Logic;  signal dout: out std_logic) is
    variable sc : std_logic;              --描述过程 min
begin
```

```
    if x<y then sc := x;
    else sc := y;
    end if;
    dout <= sc;
end min;
begin
process(a, b, c)
begin
    min(a,b,c);                          --调用过程min
end process;
end a;
```

2. 函数调用

函数调用语句的格式如下:

函数名 (信号列表)

例如, 对于上述所述获取最小值的函数 min 的调用如程序 3.44 所示。

【程序 3.44】

```
architecture a of exam1 is
function min(x, y: integer) return integer is
    begin
    if x<y then return x;
    else return y;
    end if;
end min;
begin
    c<= min(a, b);
end a;
```

3.5　并　行　语　句

　　相对于传统的软件描述语言, 并行语句结构是最具硬件描述语言特色的。在 VHDL 中, 并行语句有多种格式, 各种并行语句在结构体中的执行是同步进行的, 或者说是并行运行的, 其执行方式与书写顺序无关。在执行中, 并行语句之间可以有信息往来, 也可以是互为独立、互不相关、异步运行的。每一并行语句内部的运行可以有两种不同的方式, 即并行执行方式(如块语句)和顺序执行方式(如进程语句)。

　　并行语句在结构体中的使用格式如下:

```
ARCHITECTURE 结构体名 OF 实体名 IS
    说明语句
    BEGIN
        并行语句
END ARCHITECTURE 结构体名
```

　　并行语句与顺序语句并不是相互对立的, 它们往往相互包含、互为依存, 是一个矛盾的统一体。严格地说, VHDL 中不存在纯粹的并行行为和顺序行为的语言。相对于其他并行语句而言, 进程属于并行语句, 而进程内部运行的都是顺序语句。一个单句并行赋值语句, 从表面上看是一个完整的并行语句, 但实质上却是一个进程语句的缩影, 它完全可以用一条相同功能的进程来替代。所不同的是，进程中必须列出所有的敏感信号，而单纯的并行赋值语句的敏感信号是隐性列出的。而且即使是进程内部的顺序语句，也并非人们想象的那样，每一条语句的运行都如同软件指令那样按时钟节拍来逐条运行的。

常用的并行语句有信号赋值语句、进程语句(PROCESS)、块语句(BLOCK)、元件例化语句(COMPONENT)、生成语句(GENERATE)和并行过程调用语句。

1. 信号赋值语句

信号赋值语句分为简单信号赋值语句(simple signal assignment)、条件信号赋值语句(conditional signal assignment)和选择信号赋值语句(select signal assignment) 3 种。

(1) 简单信息赋值语句。

简单信号赋值语句的格式为：

目的信号 <= 表达式;

赋值时，需要注意数据对象必须是信号，左、右两边数据类型一致。 例如：

```
ARCHITECTURE ct OF aa IS
SIGNAL yout : STD_LOGIC_VECTOR(2 DOWNTO 1);
SIGNAL a, b : STD_LOGIC;
BEGIN
    yout(1)<= a AND b;    --结构体中，在进程外部，为并行信号赋值
    yout(2)<= a OR b;
END ct;
```

注意，信号赋值语句在进程外部使用时，是并行语句形式；在进程内部使用则是顺序语句形式。在位数较多的矢量信号赋值操作时，经常使用默认赋值操作符(others=>x)做省略化的赋值。例如：

```
signal d1 : std_logic_vector(4 dwonto 0);
    d1 <= ( 1 =>'1',4 =>'1', others =>'0' );
```

赋值后 d1 的取值为 10010。

(2) 条件信号赋值语句。

作为另一种并行赋值语句，条件信号赋值语句的表达方式如下：

```
赋值目标 <= 表达式1  WHEN 赋值条件1  ELSE
           表达式2  WHEN 赋值条件2  ELSE
           ......
           表达式n;
```

在结构体中的条件信号赋值语句的功能与在进程中的 IF 语句相同，在执行条件信号语句时，每一赋值条件是按书写的先后关系逐项测定的，一旦发现(赋值条件= TRUE)立即将表达式的值赋给赋值目标变量。从这个意义上讲，条件赋值语句与 IF 语句具有十分相似的顺序性(注意，条件赋值语句中的 ELSE 不可省略)。这意味着，条件信号赋值语句将第一个满足关键词 WHEN 后的赋值条件所对应的表达式中的值，赋给赋值目标信号。这里的赋值条件的数据类型是布尔量，当它为真时表示满足赋值条件，最后一项表达式可以不跟条件子句，用于表示以上各条件都不满足时，则将此表达式赋予"赋值目标"信号。

【程序 3.45】

```
...
z <= a  WHEN p1='1'  ELSE
     b  WHEN p2='1'  ELSE
     c;
```

由于条件测试的顺序性，第一子句具有最高赋值优先级，第二子句其次，第三子句最后。这就是说，当 p1 和 p2 同时为 1 时，z 获得的赋值是 a。

(3) 选择信号赋值语句。

选择信号赋值语句的语句格式如下：

```
WITH 选择表达式 SELECT
赋值目标信号 <= 表达式 1   WHEN 选择值 1
     表达式 2  WHEN 选择值 2
     表达式 n  WHEN 选择值 n;
```

选择信号语句中也有敏感量，即关键词 WITH 旁的选择表达式。每当选择表达式的值发生变化时，就将启动此语句对各子句的选择值进行测试对比。当发现有满足条件的子句时，就将此子句表达式中的值赋给"赋值目标信号"。

程序 3.46 是一个简化的指令译码器。对应于由 a、b、c 这 3 个位构成的不同指令码，由 data1 和 data2 输入的两个值将进行不同的逻辑操作，并将结果从 dataout 输出。当不满足所列的指令码时，将输出高阻态。

【程序 3.46】

```
LIBRARY IEEE;
USE IEEE.STD_LOGIC_1164. ALL;
USE IEEE.STD_LOGIC_UNSIGNED. ALL;
ENTITY decoder IS
PORT ( a, b, c : IN STD_LOGIC;
    data1, data2 : IN STD_LOGIC;
    Dataout : OUT STD_LOGIC ) ;
END decoder;
ARCHITECTURE concunt OF decoder IS
SIGNAL instruction : STD_LOGIC_VECTOR(2 DOWNTO 0) ;
BEGIN
    instruction<=c & b & a;
    WITH instruction SELECT
    dataout <= data1 AND data2 WHEN "000",
        data1 OR data2 WHEN "001" ,
        data1 NAND data2 WHEN "010",
        data1 NOR data2 WHEN "011",
        data1 XOR data2 WHEN "100" ,
        Data1 XNOR data2 WHEN "101" ,
        'Z' WHEN OTHERS ;
END concunt ;
```

2. 进程语句

进程语句(PROCESS)是 VHDL 程序中使用最频繁和最能体现 VHDL 语言特点的一种语句，具有并行和顺序行为的双重性。进程本身属于并行语句，结构体中可以有多个进程，进程和进程语句之间是并行关系，多个进程语句可以同时并发执行，但是进程内部是一组连续执行的顺序语句。进程语句与结构体中的其余部分，包括进程之间的通信都是通过信号传递实现的。进程语句的格式如下：

```
[进程标号：] PROCESS [ ( 敏感信号表 ) ]
[进程说明部分]；
BEGIN
    [顺序语句]；
END PROCESS [进程标号]；
```

进程语句中有一个敏感信号表，这是进程赖以启动的敏感表。对于表中列出的任何信号的改变，都将启动进程，执行进程内相应顺序语句。事实上，对于某些 VHDL 综合器，综合后对应进程的硬件系统对进程中的所有输入的信号都是敏感的，不论在源程序的进程中是否把所有信号都列入敏感表中，这是实际与理论的差异性。为了使 VHDL 的软件仿真与综合后的硬件仿真对应起来，以及适应一般的综合器，应将进程中的所有输入信号都列入敏感表中。

进程说明部分主要定义一些局部量，可包括数据类型、常数、枚举、变量、属性、子程序等，不允许定义信号和共享变量。

在结构体中，不允许同一信号有多个驱动源(驱动源为赋值符号右端的表达式所代表的电路)，但在进程中，允许同一信号有多个驱动源，结果只有最后的赋值被驱动，并进行赋值。

程序 3.47 有一个产生组合电路的进程，它描述了一个十进制加法器，对于每 4 位输入 in1(3 DOWNTO 0)，此进程对其做加 1 操作，并将结果由 out1 (3 DOWNTO 0)输出，由于是加 1 组合电路，故无记忆功能。

【程序 3.47】

```
LIBRARY IEEE;
USE IEEE.STD_LOGIC_1164.ALL;
USE IEEE.STD_LOGIC_UNSIGNED.ALL;
ENTITY cnt10 IS
PORT ( clr : IN STD_LOGIC;
    in1 : IN STD_LOGIC_VECTOR(3 DOWNTO 0) ;
    out1 : OUT STD_LOGIC_VECTOR(3 DOWNTO 0) ) ;
END cnt10 ;
ARCHITECTURE actv OF cnt10 IS
BEGIN
PROCESS (in1, clr )
BEGIN
    IF (clr ='1 '  OR  in1 = "1001") THEN
        out1 <= "0000" ;        --有清零信号，或计数已达 9，out1 输出 0，
    ELSE                        --否则做加 1 操作
        out1<=in1+1;            --使用了重载算符"+"
    END IF;
END PROCESS ;.
END actv ;
```

程序 3.48 用 3 个进程语句描述 3 个并列的三态缓冲器电路，这个电路由 3 个完全相同的三态缓冲器构成，且输出是连接在一起的。这是一种总线结构，它的功能是可以在同一条线上的不同时刻传输不同的信息。

【程序 3.48】

```
......
a_out <= a WHEN  (ena)  ELSE  ' Z' ;
b_out <= b WHEN  (enb)  ELSE  'Z';
c_ out <= c WHEN  (enc)  ELSE  'Z';
PR01: PROCESS (a_out)
BEGIN
    bus_out <= a_out;
END PROCESS ;
PRO2: PROCESS (b_out)
BEGIN
    bus_out <= b_out;
END PROCESS ;
PRO3: PROCESS (c_ out)
BEGIN
    bus_out <= c_out;
END PROCESS ;
```

程序 3.48 中有 3 个互为独立工作的进程，这是一个多驱动信号的实例，有许多实际的应用。

3. 块语句

块(BLOCK)是 VHDL 程序中常用的子结构形式，有两种 BLOCK，即简单 BLOCK(simple BLOCK)和卫士 BLOCK(guarded BLOCK)。简单 BLOCK 仅仅是对原有代码进行区域分制，增强整个代码的可读性和可维护性；卫士 BLOCK 多了一个条件表达式，又称卫士表达式，只有当条件为真时才能执行卫士语句(guarded 语句)。BLOCK 语句的格式如下：

```
块标号 ： BLOCK [条件表达式]
            [类属子句 类属接口表: ]
            [端口子句 端口接口表: ]
            [块说明语句; ]
BEGIN
            [卫士语句];
            [并行语句];
END BLOCK [块标号];
```

其中，类属子句和端口子句部分又称为块头，主要用于信号的映射及参数的定义，通过 generic、generic_map、port 和 port_map 语句实现。说明语句与结构体的说明语句相同。

块有以下特点：块内的语句是并发执行的，运行结果与语句的书写顺序无关；在结构体内，可以有多个块结构，块在结构体内是并发运行的；块内可以再有块结构，形成块的嵌套，组成复杂系统的层次化结构。程序 3.49 是简单 BLOCK 和卫士 BLOCK 的使用示例。

【程序 3.49】

```
LIBRARY IEEE;
USE IEEE.STD_LOGIC_1164.ALL;
ENTITY block_example IS
    PORT(a, b : IN STD_LOGIC;
        x, y: OUT STD_LOGIC);
END block_example;
ARCHITECTURE a OF block_example IS
BEGIN
```

```
x_BLOCK : BLOCK(a='1')                    --卫士 BLOCK
BEGIN
    x <= GUARDED a XOR b;
END BLOCK;
y_BLOCK : BLOCK                           --简单 BLOCK
BEGIN
    y <= a or b;
END BLOCK;
END a;
```

4. 元件例化语句

元件例化就是引入一种连接关系，将预先设计好的设计实体定义为一个元件，然后利用特定的语句将此元件与当前的设计实体中的指定端口相连接，从而为当前设计实体引入一个新的低一级的设计层次。在这里，当前设计实体相当于一个较大的电路系统，所定义的例化元件相当于一个要插在这个电路系统板上的芯片，而当前设计实体中指定的端口则相当于这块电路板上准备接受此芯片的一个插座。元件例化是使 VHDL 设计实体构成自上而下层次化设计的一个重要途径。

元件例化是可以多层次的，在一个设计实体中被调用安插的元件本身也可以是一个低层次的当前设计实体，因而可以调用其他的元件，以便构成更低层次的电路模块。因此，元件例化就意味着在当前结构体内定义了一个新的设计层次，这个设计层次的总称叫元件，但它可以以不同的形式出现。如前文所说，这个元件可以是已设计好的一个 VHDL 设计实体，也可以是来自 FPGA 元件库中的元件，可以是别的硬件描述语言设计的实体，元件还可以是软的 IP 核，或者是 FPGA 中的嵌入式硬 IP 核。

元件例化语句(COMPONENT)由两部分组成，一部分是对一个现成的设计实体定义为一个元件，另一部分则是此元件与当前设计实体中的连接说明。它们的语句格式如下：

```
COMPONENT 元件名 Is
GENERIC (类属表);                    } --元件定义语句
PORT (端口名表);
END COMPONENT 文件名;
例化名：元件名 PORT MAP (          } --元件例化语句
    [端口名=>] 连接端口名, ...);
```

以上两部分语句在元件例化中都是必须存在的。第一部分语句是元件定义语句，相当于对一个现成的设计实体进行封装，使其只留出对外的接口界面。就像一个集成芯片只留几个引脚在外一样，它的类属表可列出端口的数据类型和参数，端口名表可列出对外通信的各端口名。元件例化的第二部分语句即为元件例化语句，其中的例化名是必须存在的，它类似于标在当前系统(电路板)中的一个插座名，而元件名则是准备在此插座上插入的已定义的元件名。**PORT MAP** 是端口映射的意思，其中的端口名是在元件定义语句中的端口名表中已定义好的元件端口的名字，连接端口名则是当前系统与准备接入的元件对应端口相连的通信端口，相当于插座上各插针的引脚名。

元件例化语句中所定义的元件端口名与当前系统的连接端口名的接口表达有两种方式，一种是名字关联方式。在这种关联方式下，例化元件的端口名和关联(连接)符号"=>"两者都是必须存在的。这时，端口名与连接端口名的对应式，在 **PORT MAP** 句中的位置可以是任意的。

　　另一种是位置关联方式。若使用这种方式，端口名和关联连接符号都可以省去，在 PORT MAP 子句中，只要列出当前系统中的连接端口名即可，但要求连接端口名的排列方式与所需例化的元件端口定义中的端口名一一对应。

　　以下是一个元件例化的示例，程序 3.50 首先完成了一个 2 输入与非门的设计，然后在程序 3.51 中利用元件例化产生了由 3 个相同的与非门连接而成的电路。注意，程序 3.50 和程序 3.51 必须分别进行编译和综合。

【程序 3.50】

```
LIBRARY IEEE;
USE IEEE.STD_LOGIC_1164.ALL ;
ENTITY nd2 IS
    PORT ( a, b : IN STD_LOGIC; c : OUT STD_LOGIC ) ;
END nd2 ;
ARCHITECTURE nd2_behv OF nd2 IS
BEGIN
    y<=a NAND b;
END nd2_behv ;
```

【程序 3.51】

```
LIBRARY IEEE;
USE IEEE.STD_LOGIC_1164.ALL ;
ENTITY ord41 IS
    PORT ( a1, b1, c1, d1 : IN STD_LOGIC;
        z1 : OUT STD_LOGIC);
END ord41;
ARCHITECTURE ord41_behv OF ord41 IS
BEGIN
COMPONENT nd2
PORT ( a, b : IN STD_LOGIC;
    c : OUT STD_LOGIC) ;
END COMPONENT ;
SIGNAL x, y : STD_LOGIC ;
BEGIN
u1 : nd2 PORT MAP (a1, b1, x) ;                --位置关联方式
u2 : nd2 PORT MAP (a => c1, c => y, b => d1);  --名字关联方式
u3 : nd2 PORT MAP (x, y, c => z1);             --混合关联方式
END ARCHITECTURE ord41_behv
```

第 4 章

组合逻辑电路的设计

4.1 VHDL 的描述风格

VHDL 语言是通过结构体具体描述整个设计实体的逻辑功能,对于所希望的电路功能行为,可以在结构体中用不同的语句类型和描述方式来表达。对于相同的逻辑行为,可以有不同的语句表达方式。在 VHDL 结构体中,这种不同的描述方式,或者说建模方法,通常可归纳为行为描述、RTL(寄存器传输语言)描述和结构描述。其中,RTL 描述方式也称为数据流描述方式,VHDL 可以通过这 3 种描述方式(或称描述风格),从不同的侧面描述结构体的行为方式。

行为描述、RTL 描述和结构描述是最基本的描述方式,它们组合起来就成为混合描述方式。下面结合一个全加器来说明这 4 种描述风格,全加器的输入、输出端口关系如表 4-1 所示。

表 4-1 全加器的输入、输出关系

输入			输出	
c_in	x	y	c_out	sum
0	0	0	0	0
0	0	1	0	1

输入			输出	
c_in	x	y	c_out	sum
0	1	0	0	1
0	1	1	1	0
1	0	0	0	1
1	0	1	1	0
1	1	0	1	0
1	1	1	1	1

1. 行为描述方式

行为描述输入与输出间转换的行为,不需包含任何结构信息,它对设计实体按算法的路径来描述。行为描述在 EDA 工程中通常被称为高层次描述,设计工程师只需要注意正确的实体行为、准确的函数模型和精确的输出结果就可以了,无须关注实体的电路组织和门级实现。

【程序 4.1】基于全加器真值表采用行为描述方式设计的全加器(1 位二进制数全加):

```
LIBRARY IEEE;
USE IEEE.STD_LOGIC_1164.ALL;
ENTITY full_adder IS
    GENERIC(tpd : TIME := 10 ns);
    PORT(x, y, c_in : IN STD_LOGIC;
      Sum, c_out : OUT STD_LOGIC);
END full_adder;
ARCHITECTURE behave OF full_adder IS
BEGIN
   PROCESS (x, y, c_in)
     VARIABLE  n: INTEGER;
     CONSTANT sum_vector: STD_LOGIC_VECTOR (0 TO 3) := "0101";
     CONSTANT carry_vector: STD_LOGIC_VECTOR (0 TO 3) := "0011";
     BEGIN                    --对照真值表解释程序
     n:= 0;
     IF x='1' THEN
       n:=n+1;
     END IF;
     IF y='1' THEN
       n:=n+1;
     END IF;
     IF c_in='1' THEN
       n:=n+1;
     END IF;               -- (0 TO 3)
     sum <= sum_vector (n) AFTER 2*tpd;
     c_out <= carry_vector (n) AFTER 3*tpd;
   END PROCESS;
END behave;
```

2. 数据流描述方式

数据流描述方式表示行为,也隐含表示结构,它描述了数据流的运动路线、运动方向和运动结果。对于全加器，用布尔方程描述其逻辑功能如下：

```
s = x XOR y
sum = s XOR c_in
c_out = (x AND y) OR( s AND c_in)
```

下面是基于上述布尔方程的数据流风格的描述。

【程序 4.2】 采用数据流描述方式的全加器：

```
LIBRARY IEEE;
USE IEEE.STD_LOGIC_1164.ALL;
ENTITY full_adder IS
     GENERIC(tpd : TIME := 10 ns);
     PORT(x, y, c_in : IN STD_LOGIC;
       Sum, c_out : OUT STD_LOGIC);
END full_adder;
ARCHITECTURE dataflow OF full_adder IS
BEGIN
     s <= x XOR y AFTER tpd;
        sum <= s XOR c_in  AFTER tpd;
        c_out <= (x AND y) OR( s AND c_in) AFTER 2* tpd;
END dataflow;
```

3. 结构化描述方式

结构化描述方式就是在多层次的设计中，高层次的设计可以调用低层次的设计模块，或直接用门电路设计单元来构成一个复杂逻辑电路的方法。利用结构化描述方法将已有的设计成果方便地用于新的设计中，能大大提高设计效率。在结构化描述中，建模的焦点是端口及其互联关系。

结构化描述的建模步骤如下：

(1) 元件说明。

(2) 元件例化。

(3) 元件配置。

元件说明用于描述局部接口；元件例化是要相对于其他元件来放置该元件；元件配置用于指定元件所用的设计实体。

全加器端口结构如图 4-1 所示，可以认为它是由两个半加器和一个或门组成的。由图 4-1 所示的结构，可以写出全加器的结构化描述设计程序如下。

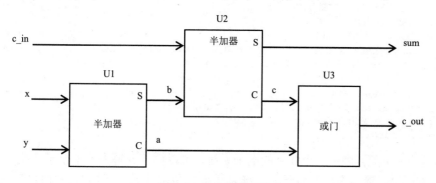

图 4-1　全加器端口结构

【程序 4.3】 全加器的结构化描述：

```
LIBRARY IEEE;
USE IEEE.STD_LOGIC_1164.ALL;
ENTITY half_adder IS
  GENERIC(tpd: TIME:=10 ns);
  PORT(in1, in2: IN STD_LOGIC;
       sum, carry: OUT STD_LOGIC);
END half_adder;
ARCHITECTURE behavioral OF half_adder IS
BEGIN
PROSESS (in1, in2)
BEGIN
  sum <= in1 XOR in2 AFTER tpd;
  carry <= in1 AND in2 AFTER tpd;
END PROCESS;
END behavioral;                          --半加器设计完毕
LIBRARY IEEE;
USE IEEE.STD_LOGIC_1164.ALL;
ENTITY or_gate IS
  GENERIC(tpd: TIME:=10 ns);
  PORT(in1, in2: IN STD_LOGIC;
       out1: OUT STD_LOGIC);
END or_gate;
ARCHITECTURE structural OF or_gate IS
BEGIN
   out1 <= in1 OR in2 AFTER tpd;
END structural;                          --或门设计完毕
LIBRARY IEEE;
USE IEEE.STD_LOGIC_1164.ALL;
ENTITY full_adder IS
  GENERIC(tpd: TIME: =10 ns);
  PORT(x, y, c_in: IN STD_LOGIC;
       Sum, c_out: OUT STD_LOGIC);
END full_adder;
ARCHITECTURE structural OF full_adder IS
  COMPONENT half_adder
     PORT(in1, in2: IN STD_LOGIC;
          sum, carry: OUT STD_LOGIC);
  END COMPONENT;                    --元件说明
  COMPONENT or_gate
     PORT(in1, in2: IN STD_LOGIC;
          out1: OUT STD_LOGIC);
  END COMPONENT;
SIGNAL a, b, c:STD_LOGIC;
FOR u1,u2 : half_adder USE ENTITY WORK.half_adder (behavioral);  --元件例化
   FOR u3: or_gate USE ENTITY WORK. or_gate (structural);
BEGIN
  u1: half_adder PORT MAP (x, y, b, a);
                                            --元件配置
  u2: half_adder PORT MAP (c_in, b, sum, c);
  u3: or_gate PORT MAP (c, a, c_out);
END structural;
```

由程序 4.3 可见，对于一个复杂的电子系统，可以将其分解为若干个子系统，每个子系统再分解成模块，形成多层次设计。这样，可以使更多的设计者同时进行合作。在多层次设计中，每个层次都可以作为一个元件，再构成一个模块或系统，可以先分别仿真每个元

件，然后再整体调试。所以，结构化描述不仅是一种设计方法，而且是一种设计思想，是大型电子系统高层次设计的重要手段。

4. 混合描述方式

在实际设计工作中，可以采用上述 3 种描述方式的任意组合，这就是混合描述。同样还是图 4-1 所给出端口结构的全加器模型，其混合描述方式如程序 4.4 所示。

【程序 4.4】全加器的混合描述如下：

```
LIBRARY IEEE;
USE IEEE.STD_LOGIC_1164.ALL;
ENTITY xor_gate IS
  GENERIC(tpd: TIME: =10 ns);
  PORT(in1, in2: IN STD_LOGIC;
       out1: OUT STD_LOGIC);
END xor_gate;
ARCHITECTURE behavioral OF xor_gate IS
BEGIN
  out1 <= in1 XOR in2 AFTER tpd;
END behavioral;
LIBRARY IEEE;
USE IEEE.STD_LOGIC_1164.ALL;
ENTITY full_adder IS
  GENERIC(tpd: TIME: =10 ns);
  PORT(x, y, c_in: IN STD_LOGIC;
       Sum, c_out: OUT STD_LOGIC);
    END full_adder;
ARCHITECTURE mix OF full_adder IS
  COMPONENT xor_gate
    PORT(in1, in2: IN STD_LOGIC;
         out1: OUT STD_LOGIC);
  END COMPONENT;
SIGNAL s :STD_LOGIC;
FOR ALL: xor_gate USE ENTITY WORK. xor_gate (behavioral);
BEGIN
    u1: xor_gate PORT MAP (x, y, s);
    u2: xor_gate PORT MAP (s, c_in, sum);
    c_out <= (x AND y) OR (s AND c_in) AFTER 2*tpd;
  END mix;
```

4.2 优先编码器

优先编码器是一种能将多个二进制输入压缩成更少数目输出的电路或算法。其输出是序数 0 到输入最高有效位的二进制表示。优先编码器允许同时在几个输入端有输入信号，编码器按输入信号排定的优先顺序，只对同时输入的几个信号中优先权最高的一个进行编码。优先编码器相比简单编码器电路有更强的处理能力，因为其能处理所有的输入组合情况，常用于处理最高优先级请求时控制中断请求。

如果同时有两个或两个以上的输入作用于优先编码器，优先级最高的输入将会被优先输出。表 4-2 为 8 线-3 线优先编码器真值表，其中最高优先级的输入在功能表的左侧，而"×"代表无关项，既可以是 1 也可以是 0，也就是说不论无关项的值是什么，都不影响输出，只有最高优先级的输入有变化时，输出才会改变。

表 4-2 8 线-3 线优先编码器真值表

输入								输出		
IN[7]	IN[6]	IN[5]	IN[4]	IN[3]	IN[2]	IN[1]	IN[0]	Y[2]	Y[1]	Y[0]
×	×	×	×	×	×	×	0	0	0	0
×	×	×	×	×	×	0	1	0	0	1
×	×	×	×	×	0	1	1	0	1	0
×	×	×	×	0	1	1	1	0	1	1
×	×	×	0	1	1	1	1	1	0	0
×	×	0	1	1	1	1	1	1	0	1
×	0	1	1	1	1	1	1	1	1	0
0	1	1	1	1	1	1	1	1	1	1

【程序 4.5】8 线-3 线优先编码器程序设计如下:

```
Library ieee;
use ieee.std_logic_1164.all;
entity code8_3 is
    port(IN: in std_logic_vector (7 downto 0);
        Y: out std_ logic_vector (2 downto 0));
end code8_3;
architecture rtl of code8_3 is
begin
    process(IN)
    begin
    if  IN(0)='0'  then
        y<="000";
    elsif  IN(1)='0'  then
        y<="001";
    elsif  IN(2)='0'  then
        y<="010";
    elsif  IN(3)='0'  then
        y<="011";
    elsif  IN(4)='0'  then
        y<="100";
    elsif  IN(5)='0'  then
        y<="101";
    elsif  IN(6)='0'  then
        y<="110";
    elsif  IN(7)='0'  then
        y<="111";
    elsif  IN="11111111"  then
        y<="111";
    end if;
    end process;
end rtl;
```

4.3 译 码 器

译码是编码的逆过程。在编码时,每一种二进制代码都赋予特定的含义,即都表示了一个确定的信号或者对象。把代码状态的特定含义"翻译"出来的过程叫作译码,实现译码操作的电路称为译码器。或者说，译码器是可以将输入二进制代码的状态翻译成输出信号，以表示其原来含义的电路。

译码器根据需要，输出信号可以是脉冲，也可以是高电平或者低电平。译码器是一种具有"翻译"功能的逻辑电路，这种电路能将输入二进制代码的各种状态，按照其原意翻译成对应的输出信号。有一些译码器设有一个和多个使能控制输入端，又称为片选端，用来控制允许译码或禁止译码。

表 4-3 为 3 线-8 线译码器真值表，3 个输入端(A0、A1、A2)共有 8 种状态组合(000~111)，可译出 8 个输出信号 Y0~Y7。这种译码器设有两个使能输入端，当 G1 与 G2 均为 1 时，译码器处于工作状态，根据输入端 CBA 的状态来进行相应的输出。当 G1 或 G2 为 0 时，译码器被禁止时，输出高电平。

表 4-3　3 线-8 线译码器真值表

输入					输出							
使能		Select										
G1	G2	A2	A1	A0	Y0	Y1	Y2	Y3	Y4	Y5	Y6	Y7
L	×	×	×	×	H	H	H	H	H	H	H	H
×	L	×	×	×	H	H	H	H	H	H	H	H
H	H	L	L	L	L	H	H	H	H	H	H	H
H	H	L	L	H	H	L	H	H	H	H	H	H
H	H	L	L	L	H	H	L	H	H	H	H	H
H	H	L	H	H	H	H	H	L	H	H	H	H
H	H	H	L	L	H	H	H	H	L	H	H	H
H	H	L	H	H	H	H	H	H	H	L	H	H
H	H	H	H	L	H	H	H	H	H	H	L	H
H	H	H	H	H	H	H	H	H	H	H	H	L

【程序 4.6】3 线-8 线译码器程序设计如下：

```
LIBRARY IEEE;
USE IEEE.STD_ LOGIC_ _1164.ALL;
ENTITY decode3_ 8 IS
   PORT(A:IN STD_LOGIC_VECTOR(2 DOWNTO 0);
       G1,G2:IN STD_LOGIC;
       Y:OUT STD_LOGIC_VECTOR(7 DOWNTO 0));
END decode3_ 8;
ARCHITECTURE decode3_ 8_ behavior OF decode3_ 8 IS
BEGIN
   PROCESS( G1,G2,A)
   BEGIN
   IF(G1='0' OR G2='0') THEN
      Y<= "11111111";
   ELSIF(G1='1' AND G2='1') THEN
   CASE A IS
      WHEN "000" => Y<="00000001" ;
```

```
          WHEN "001" => Y<="00000010";
          WHEN "010" => Y<="00000100";
          WHEN "011" => Y<="00001000";
          WHEN "100" => Y<="00010000" ;
          WHEN "101" => Y<="001 00000";
          WHEN "110" => Y<="01000000" ;
          WHEN "111" => Y<="10000000";
          WHEN OTHERS => Y<= "ZZZZZZZ";
     END CASE ;
     END IF;
     END PROCESS;
END decode3_ 8_ behavior;
```

【程序 4.7】七段数码管(共阴极)显示驱动程序如下：

```
Library ieee;
Use ieee.std_logic_1164.all;
Entity digitron7 is
PORT(DATA:IN STD_LOGIC_VECTOR(3 DOWNTO 0);
     a,b,c,d,e,f,g:out std_logic);
end digitron7;
Architecture behave of digitron7 is
signal y: STD_LOGIC_VECTOR(6 DOWNTO 0);
begin
     process(DATA)
          begin
          case DATA is
               when "0000"=>y<="1111110" ;
               when "0001"=>y<="0110000" ;
               whcn "0010"=>y<="1101101" ;
               when "0011"=>y<="1111001" ;
               when "0100"=>y<="0110011" ;
               when "0101"=>y<="1011011" ;
               when "0110"=>y<="1011111" ;
               when "0111"=>y<="1110000" ;
               when "1000"=>y<="1111111" ;
               when "1001"=>y<="1111011" ;
               when others=>null;
          end case;
     a<=y(6);b<=y(5);c<=y(4); d<=y(3);e<=y(2);f<=y(1);g<=y(0);
     end process;
     end behave;
```

程序 4.7 是一个七段数码管的显示驱动程序，DATA 是输入的十进制数据，输出的 a、b、c、d、e、f、g 是七段数码管的段选。通过 CASE 语句可对输入的数据进行译码，来驱动数码管段选的亮灭，数码管是共阴极的，因此当给输出段选赋值"1"时，数码管的段点亮。

4.4 数值比较器

数值比较器是对两个位数相同的二进制数进行比较并判定其大小关系的算术运算电路。数值比较器的逻辑电路图如图 4-2 所示，数值比较器的真值表如表 4-4 所示。

程序 4.8 是一个采用 IF 语句编制的对两个 4 位二进

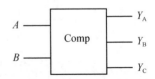

图 4-2 数值比较器逻辑电路图

制数进行比较的例子，其中 A 和 B 分别是参与比较的两个 4 位二进制数，Y_A、Y_B 和 Y_C 是用来分别表示 $A>B$、$A<B$ 和 $A=B$ 的 3 个输出端。

表 4-4 数值比较器真值表

A 与 B 的关系	Y_A	Y_B	Y_C
$A>B$	1	0	0
$A<B$	0	1	0
$A=B$	0	0	1

【程序 4.8】两个 4 位二进制数值比较器程序如下：

```
LIBRARY EEE;
USE IEEE.STD LOGIC 1164.ALL;
ENTITY comp4_1 IS
PORT(A: IN STD_LOGIC_VECTOR(3 DOWNTO 0);
    B: IN STD_ LOGIC_VECTOR(3 DOWNTO 0);
    YA,YB,YC: OUT STD_LOGIC); .
END comp4_1;
ARCHITECTURE behave OF comp4_1 IS
BEGIN
PROCESS (A,B)
    BEGIN
    IF(A>B)  THEN
        YA <='1';
        YB <= ='0';
        YC <='0';
    ELSIF(A < B) THEN
        YA <='0';
        YB <='1';
        YC <='0';
    ELSE
        YA <='0';
        YB <='0';
        YC <='1';
    END IF;
    END PROCESS;
END behave;
```

【程序 4.9】采用条件信号赋值语句的数值比较器程序如下：

```
LIBRARY IEEE;
USE IEEE.STD_LOGIC_1164.ALL;
ENTITY comp4_ 2 IS
PORT(A:IN STD_LOGIC VECTOR(3 DOWNTO 0);
    B:IN STD_ LOGIC_VECTOR(3 DOWNTO 0);
    Y: OUT STD_ LOGIC_VECTOR(2 DOWNTO 0));
END comp4_ 2;
ARCHITECTURE behave OF comp4_2 IS
BEGIN
    Y<="100" WHEN A>B ELSE
        "010" WHEN A<B EISE
        "001";
END behave;
```

程序 4.8 和程序 4.9 都是两个 4 位二进制数值比较器的程序，比较这两段程序，程序 4.8 采用 IF 语句来描述，程序 4.9 采用条件信号赋值语句来描述，它们的区别在于以下几点。

(1) IF 语句是顺序描述语句，因此只能在进程内部使用；而条件信号赋值语句是并行描述语句，要在结构体的进程之外使用。

(2) IF 语句中的 ELSE 语句可有可无；而条件信号赋值语句中必须有 ELSE 语句。

(3) IF 语句可嵌套使用；而条件信号赋值语句不能嵌套使用。

(4) IF 语句无须太多硬件电路知识；而条件信号赋值语句与实际硬件电路十分接近。

4.5　数据选择器

数据选择器是指在多路数据传送过程中，能够根据需要将其中任意一路选出来的电路。实现数据选择功能的逻辑电路称为数据选择器，也称为多路选择器或多路开关。

数据选择器是数字系统中常见的组合逻辑电路。表 4-5 是 8 选 1 数据选择器的真值表。程序 4.10～程序 4.12 分别是 3 种方式的 8 选 1 数据选择器的 VHDL 描述。

表 4-5　8 选 1 数据选择器真值表

输入		输出
数据端口	选择端口	y
a		
b		
c		
d	sel[2:0]	
e		
f		
g		
h		

【程序 4.10】IF 语句描述的 8 选 1 数据选择器的 VHDL 描述如下：

```
library ieee;
use ieee.std_logic_1164.all;
entity sel8_1 is
port(sel:IN STD_LOGIC VECTOR(2 DOWNTO 0);
    a,b,c,d,e,f,g,h : in std_logic;
    y:out std_logic);
end sel8_1;
architecture behave of sel8_1 is
begin
    process(sel)
    begin
    if sel<="000"   then  y<=a;
    elsif  sel<="001"  then  y<=b;
    elsif  sel<="010"  then  y<=c;
    elsif  sel<="011"  then  y<=d;
    elsif  sel<="100"  then  y<=e;
    elsif  sel<="101"  then  y<=f;
    elsif  sel<="110"  then  y<=g;
    else  y<=h;
    end if;
```

```
end process;
end behave;
```

【程序 4.11】CASE 语句描述的 8 选 1 数据选择器的 VHDL 描述如下：

```
library ieee;
use ieee.std_logic_1164.all;
entity sel8_1 is
port(sel:IN STD_LOGIC VECTOR(2 DOWNTO 0);
    a,b,c,d,e,f,g,h : in std_logic;
    y:out std_logic);
end sel8_1;
architecture behave of sel8_1 is
begin
process(sel)
    begin
    case sel is
        when "000"=> y<=a;
        when "001"=> y<=b;
        when "010"=> y<=c;
        when "011"=> y<=d;
        when "100"=> y<=e;
        when "101"=> y<=f;
        when "110"=> y<=g;
        when "111"=> y<=h;
        when others= =>null;
    end case;
    end process;
end behave ;
```

【程序 4.12】WHEN-ELSE 语句描述的 8 选 1 数据选择器的 VHDL 描述如下：

```
library ieee;
use ieee.std_logic_1164.all;
entity sel8_1 is
port(sel:IN STD_LOGIC VECTOR(2 DOWNTO 0);
    a,b,c,d,e,f,g,h : in std_logic;
    y:out std_logic);
end sel8_1;
architecture behave of sel8_1 is
begin
    y<=a when sel<="000" else
    b when sel<="001" else
    c when sel<="010" else
    d when sel<="011" else
    e when sel<="100" else
    f when sel<="101" else
    g when sel<="110" else
    h;
end behave ;
```

4.6 三态门电路

为减少信息传输线的数目，大多数计算机中的信息传输线均采用总线形式，即凡要传输的同类信息都走同一组传输线，且信息是分时传送的。在计算机中一般有 3 组总线，即数据总线、地址总线和控制总线。为防止信息相互干扰，要求挂在总线上的寄存器或存储器等，它的传输端不仅能呈现 0 和 1 两个信息状态，而且还能呈现第三种状态——高阻抗状态(又称高阻状态)，即此时它们的输出好像被断开，对总线状态不起作用，当前总线可由其他器件占用。

三态门即可实现上述的功能。它除具有输入输出端外，还有一个控制端，如图 4-3 所示。

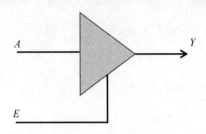

图 4-3　三态门逻辑电路

当控制端 E=1 时，输出=输入，此时总线由该器件驱动，总线上的数据由输入数据 A 决定；当控制端 E=0 时，输出端呈高阻抗状态，该器件对总线不起作用。当寄存器输出端接至三态门，再由三态门输出端与总线连接起来，就构成三态输出的级冲寄存器。程序 4.13 是单个三态门的 VHDL 描述。

【**程序 4.13**】单个三态门的 VHDL 描述如下：

```
library IEEE;
use IEEE.STD_logic. 1164.ALL;
entity tri_gate is
port (A: in std_ logic;
    E in std_ logic;
    Y: out std. logic);
end tri_gate;
architecture behave of tri_ gate is
begin
    process(A,E)
    begin
        if E='1'  then
            f<=A;
        else
            f<='Z';
            end if;
    end process;
end tri_behave ;
```

多个三态门可以组成多位的三态输出缓冲器。图 4-4 为 8 位的三态输出缓冲寄存器。这里采用的是单向三态门，因此数据只能从寄存器输出到数据总线。其 VHDL 描述如程序 4.14 所示。

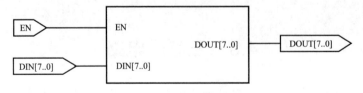

图 4-4　8 位的三态输出缓冲器

【程序 4.14】 8 位三态输出缓冲器的 VHDL 描述如下：

```
LIBRARY IEEE;
USE IEEE.STD_logic_1164.ALL;
ENTITY TRI_BUF8 IS
PORT (DIN: in STD_LOGIC_VECTOR(7 DOWNTO 0);
    EN: IN STD_Logic;
    DOUT: OUT STD_Logic_VECTOR(7 DOWNTO 0));
END ENTITY TRI_BUF8;
architecture behave of TRI_BUF8 is
begin
    process(DIN,EN)
    begin
        if EN='1' then
            DOUT<=DIN;
        else
            DOUT<="ZZZZZZZZ";
        end if;
    end process;
end behave ;
```

程序 4.13 和程序 4.14 描述的都是单向的三态门，通常在数字系统的信息传输中对数据的传输是双向的，如果要实现双向传送，则要用双向三态门。双向三态门的逻辑图如图 4-5 所示。程序 4.15 是 8 位数据双向三态门的 VHDL 描述。

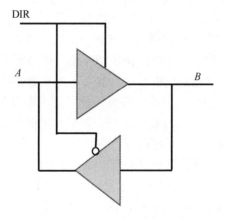

图 4-5 双向三态门逻辑图

【程序 4.15】 8 位数据双向三态门的 VHDL 描述如下：

```
LIBRARY IEEE;
USE IEEE.STD_LogiC_1164.ALL;
ENTITY BTRI_BUF8 IS
PORT(A,B: INOUT STD_LOgic_VECTOR(7 DOWNTO 0);
    DIR:IN STD_LOGIC);
END ENTITY BTRI_BUF8;
ARCHITECTURE behave OF BTRI_BUF8 IS
BEGIN
    Process (A,B,DIR)
    begin
        if (DIR='0') then
            A<=B;
            B<= "ZZZZZZZZ";
        Else
```

```
            B<=A;
            A <="ZZZZZZZZ";
        end if;
    end process;
END behave;
```

如程序 4.15 所示，A、B 定义为双向的输入输出口 INOUT，DIR 为控制端，当 DIR 为高电平时，将 A 的数据赋值给 B，此时 A 是作为输入，由于 A 是 INOUT 端口，则 A 的输出端口应赋值为高阻 "ZZZZZZZZ"；同理，当 DIR 为低电平时，将 B 的数据赋值给 A，此时 B 是作为输入，由于 B 是 INOUT 端口，则 B 的输出端口应赋值为高阻 "ZZZZZZZZ"。

4.7　组合逻辑电路中的竞争与冒险

在数字逻辑设计中，并不是最简单的逻辑表达式在设计组合逻辑时一定是最优的，可能会出现竞争与冒险问题，所以需要了解竞争与冒险的检验以及竞争与冒险的消除方法。

竞争与冒险是逻辑门因输入端的竞争而导致输出产生不应有的尖峰干扰脉冲(又称过渡干扰脉冲)的现象。在门电路中，两个输入信号同时向两个相反方向的逻辑状态转换，即一个从低电平变为高电平(0→1)，一个从高电平变为低电平(1→0)，或反之，称为竞争。由于竞争在电路的输出端可能产生尖峰脉冲的现象称为冒险。竞争不一定会产生冒险，但冒险就一定有竞争。

通俗地说，信号经由不同路径传输达到某一个汇合点的时间有先有后的现象，称为竞争；竞争现象所引起的电路输出发生瞬间错误的现象，称为冒险。

竞争表现在输出波形上，则是出现 0 电平或者 1 电平的尖峰，称为"毛刺"。

考虑逻辑门的延迟时间对电路产生的影响，信号经过逻辑门电路都需要一定的时间，由于不同路径上门的级数不同，信号经过不同路径传输的时间不同，或者门的级数相同但各个门延迟时间有差异，也会造成传输时间不同。

如图 4-6(a)所示电路，使用了两个逻辑门，即一个非门和一个与门。在理想情况下，F 的输出应该是一直稳定的 0 输出，但是实际上每个门电路从输入到输出是一定会有时间延迟的，这个时间通常叫作电路的开关延迟，而且制作工艺、门的种类甚至制造时微小的工艺偏差，都会引起这个开关延迟时间的变化。

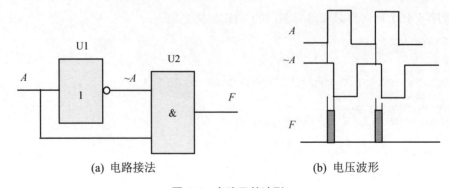

(a) 电路接法　　　　　　　　　(b) 电压波形

图 4-6　电路及其波形

　　实际上，如果算上逻辑门的延迟，那么 F 最后就会产生毛刺，实际的电压波形如图 4-6(b) 所示。在数字电路的组合逻辑中，消除竞争-冒险的方法常见的有以下 4 种。

　　(1) 修改逻辑设计。这主要包括去除互补逻辑变量和增加冗余项。例如，逻辑函数式 $Y=AB+A'C$，在 $B=C=1$ 的条件下，当 A 改变状态时存在竞争-冒险现象。通过增加冗余项的方法，函数式可变为 $Y=AB+A'C+BC$，此时在 $B=C=1$ 的条件下无论 A 如何变化，输出始终保持 $Y=1$，即 A 的状态改变不再会引起竞争-冒险现象。其具体电路接法如图 4-7 所示。

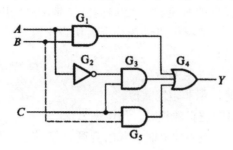

图 4-7　增加冗余项去除竞争-冒险的电路接法

　　(2) 在输出端并接一个滤波电容，把尖峰脉冲的幅度削弱至门电路的阈值电压以下。这主要利用了电容的充放电特性，对毛刺滤波、对窄脉冲起到平波的作用。这种方式的优点是简单易行；缺点是增加了电压波形的上升时间和下降时间，使波形发生改变。适用于对输出波形前、后沿无严格要求的场合。

　　(3) 引入选通脉冲。如图 4-8(a)所示，在电路中引入一个选通脉冲 p，p 的高电平(正脉冲)出现在电路到达稳定状态以后，这时正常的输出信号也将变成脉冲信号，且宽度与选通脉冲相同，其输出波形如图 4-8(b)所示。这种方式的优点是简单易行，不需要增加电路元件；缺点是需要设法得到一个与输入信号同步的选通脉冲，对其宽度和作用的时间也有严格要求。

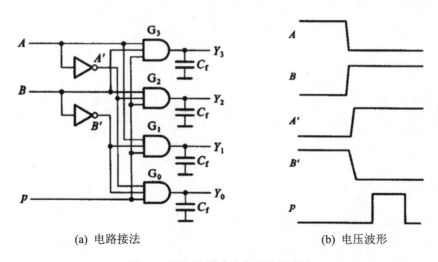

(a) 电路接法　　　　　　　　　　　(b) 电压波形

图 4-8　引入选通脉冲电路及其波形

　　(4) 利用 D 触发器对毛刺不敏感的特性。这是一种比较传统的去除毛刺的方法。原理是用一个 D 触发器去读带毛刺的信号，利用 D 触发器对输入信号的毛刺不敏感的特点，去除信号中的毛刺。这种方法在简单的逻辑电路中是常见的一种方法，尤其对信号中发生在非时钟跳变沿毛刺信号去除效果非常明显。

但是对于大多数的时序电路来说，毛刺信号往往发生在时钟信号的跳变沿，这样 D 触发器的效果就没有那么明显了。另外，D 触发器的使用还会给系统带来一定的延时，特别是在系统级数较多的情况下，延时也将变大。因此，在使用 D 触发器去除毛刺时，一定要视情况而定，并不是所有的毛刺都可以用 D 触发器来消除。

在 FPGA 设计中，最简单的避免竞争-冒险的方法是尽量使用时序逻辑同步输入输出。在 Verilog 编程时，绝大多数情况下可避免综合后仿真出现冒险问题，需要注意以下几个方面。

(1) 时序电路建模时，用非阻塞赋值。

(2) 锁存器电路建模时，用非阻塞赋值。

(3) 用 ALWAYS 和组合逻辑建模时，用阻塞赋值。

(4) 在同一个 ALWAYS 块中建立时序和组合逻辑模型时，用非阻塞赋值。

(5) 在同一个 ALWAYS 块中不要既使用阻塞赋值又使用非阻塞赋值。

(6) 不要在多个 ALWAYS 块中为同一个变量赋值。

(7) 组合电路的每一个 IF-ELSE 语句要完整，即每一个 IF 语句要对应一个 ELSE 语句，时序电路 IF 语句不完整不会出现锁存器问题。

(8) CASE 语句要完整，即每一个 CASE 语句对应一个 DEFAULT。

竞争-冒险带来的毛刺信号对 FPGA 器件的运行有很大的影响，如何有效抑制毛刺信号就成为一个非常突出的问题。但必须强调的一点是，首先必须对程序设计本身进行优化和改进，使毛刺信号的产生降到最小，如将一些信号用变量代替来减小延时等。另外，在实际应用中如何选用适合的方法也非常重要，一定要慎重考虑。比如，延时环节的加入会使整个系统的延时增大，加入太多时就会影响系统的运行。

第 5 章

时序逻辑电路的设计

数字逻辑电路可分为组合逻辑和时序逻辑两大类，分别在复杂数字系统设计中承担不同的功能。时序逻辑与组合逻辑相对，时序逻辑电路在任意时刻的输出状态，不仅取决于该时刻的输入状态，还与电路原来的状态有关，所以时序逻辑电路具有记忆功能。本章首先介绍时钟信号的 VHDL 描述方法，然后以时序逻辑电路中常见的触发器、计数器、锁存器等电路为例，介绍时序逻辑电路的 VHDL 描述方法。

5.1 概　　述

时序逻辑电路，简称时序电路，其输出状态与电路原来的状态有关，因此其结构包括组合逻辑电路和具有记忆功能的存储电路。时序电路的状态是由存储电路来记忆的，因此时序电路中可以没有组合电路，但不能没有存储电路。

如图 5-1 所示，$X=(x_1, ..., x_n)$ 为输入信号，$Y=(y_1, ..., y_n)$ 为输出信号，$P=(p_1, ..., p_n)$ 为存储电路的输入信号，$Q=(q_1, ..., q_n)$ 为存储电路的输出信号。存储电路用于记忆时序电路中的状态。

根据存储单元状态变化的特点，时序电路又分为同步时序电路和异步时序电路两类。在同步时序电路中，所有触发器的时钟输入端都连在一起，在外加的时钟脉冲作用下，凡是具备翻转条件的触发器在同一时刻改变状态。也就是说，触发器的状态变化都是在同一时钟信号作用下同时发生的。而在异步时序电路中，外加时钟脉冲只触发部分触发器，其余触发器则是由电路内部信号触发的，因此，凡具备翻转条件的触发器状态的翻转有先有后，并不都和时钟脉冲的有效触发沿同步。异步时序电路根据电路的输入是脉冲信号还是电平信号，又可分为脉冲异步时序电路和电平异步时序电路。

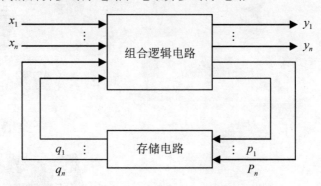

图 5-1　时序逻辑电路模型框图

按照输入与输出信号的关系不同，时序电路可分为 Mealy 型和 Moore 型两类。Mealy 型电路的输出状态不仅与存储电路有关，而且与输入有关。Moore 型电路的输出状态仅与存储电路的状态有关而与输入无关。

5.2　时钟信号的 VHDL 描述方法

众所周知，任何时序电路都以时钟信号为驱动信号，时序电路只是在时钟信号的边沿到来时其状态才发生改变。因此，时钟信号通常是描述时序电路程序的执行条件。另外，时序电路也总是以时钟进程形式来进行描述的。

5.2.1　时钟边沿的描述

描述时钟边沿，一定要指明是上升沿还是下降沿，这一点可以使用时钟信号的属性描述来达到。也就是说，由时钟信号的值是从 0 到 1 的变化，还是从 1 到 0 的变化，来判断时钟信号使用的是上升沿还是下降沿。

1. 时钟信号上升沿的描述

时钟脉冲上升沿波形与时钟信号属性的描述关系，如图 5-2 所示。

在图 5-2 中，时钟信号起始值为'0'，故其属性值为 clk'last_value='0'；上升沿的到来表示发生了一个事件，故用 clk'event 表示；上升沿以后，时钟信号当前的值为'1'，故其属性值为 clk='1'。综上所述，时钟信号上升沿到来的条件可写为：

```
clk ='1'and clk'last_value='0' and clk'event
```

可以简写为：

```
clk'event andclk= '1' --省去clk'last_value='0'
```

2. 时钟信号下降沿的描述

在图 5-3 中，时钟信号起始值为'1'，故其属性值为 clk'last_value='1'；下降沿的到来表示发生了一个事件，故用 clk'event 表示；下降沿以后，时钟信号当前的值为'0'，故其属性值为 clk='0'。综上所述，时钟下降沿到来的条件可写为：

```
clk = '0'and clk'last_value='1' and clk'event
```

可以简写为：

```
clk'event and clk='0'    --省去 clk'last_value='1'
```

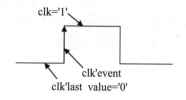

图 5-2　时钟脉冲上升沿波形和时钟
信号属性描述关系

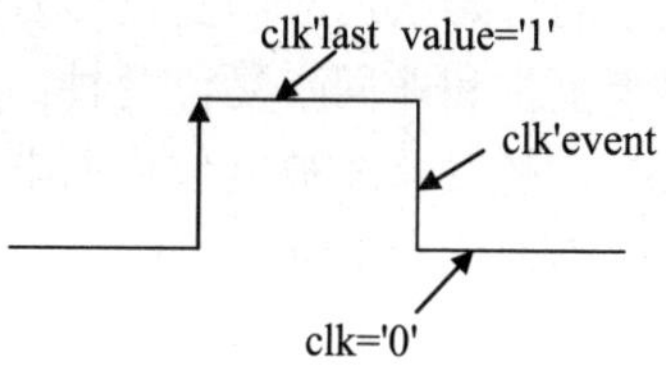

图 5-3　时钟脉冲下降沿波形和时钟
信号属性描述关系

根据上面的时钟上升沿和下降沿的描述，可以归纳出时钟信号边沿属性描述的一般形式为：

```
clock_signal=current_value and clock_signal'last_value and clock_signal'event
```

时钟信号边沿属性描述简写形式为：

```
clock_signal=current_value and clock_signal'event
```

5.2.2　时序电路中的进程敏感信号

在时序电路中一般是以时钟进程形式描述电路功能，进程的敏感信号是时钟信号，出现在 PROCESS 语句后的括号中，如程序 5.1 为 D 触发器的功能描述。

【程序 5.1】

```
Library ieee;
use ieee.std_logic_1164.all;
entity dff1 is
    port ( clk,d: in std_logic;
    q:out std_logic);
end dff1;
architecture behave of dff1 is
begin
process (clk)
    begin
        if (clk'event and clk='1') then
        q<=d;
        end if;
    end process;
end behave;
```

程序 5.1 进程的敏感信号是时钟信号 clk，该进程在时钟信号 clk 发生变化时启动。程序 5.1 描述了 D 触发器的逻辑功能，当时钟上升沿到达时，将输入信号 d 赋给输出信号 q。IF_THEN 语句中的条件是时钟上升沿(clk'event and clk= '1')，顺序语句是 q<=d，而在时钟边沿的条件得到满足后才真正执行时序电路所对应的语句。

当时钟信号作为进程的敏感信号时，在敏感信号的表中不能出现一个以上的时钟信号，除时钟信号外，复位信号等是可以和时钟信号一起出现在敏感表中的。

5.3　时序电路中复位信号的 VHDL 描述方法

触发器的初始状态应由复位信号来设置，根据复位信号对触发器复位的操作不同，可以分为同步复位和非同步复位两种。所谓同步复位，就是当复位信号有效且在给定的时钟边沿到来时，触发器才被复位；而非同步复位，一旦复位信号有效，触发器就被复位。非同步复位也称为异步复位。

5.3.1　同步复位

在用 VHDL 描述时，同步复位一定是在以时钟为敏感信号的进程中定义，且用 IF 语句来描述必要的复位条件。程序 5.2 是同步复位的 D 触发器。当复位信号 clr 有效(clr='1')以后，只有在时钟信号边沿到来时才能进行复位操作。在程序 5.2 中 clr='1'以后，在 clk 的上升沿到来时，q 输出才变为 0。另外，从程序 5.2 中还可以看出，复位信号的优先级比 D 端的数据输入高。也就是说，当 clr='1'时，无论 D 端输入什么信号，在 clk 的上升沿到来时，输出总是为 0。

【程序 5.2】

```
Library ieee;
use ieee.std_logic_1164.all;
entity dff2 is
    port ( clk,clr,d: in std_logic;
        q:out std_logic);
end dff2;
architecture behave of dff2 is
begin
process (clk)
    begin
        if (clk'event and clk='1') then
            if (clr='1') then
                q<='0';                    时钟上升沿到时复位
            else
                q<=d;
            end if;
        end if;
    end process;
end  behave;
```

5.3.2　异步复位

异步复位在描述时与同步复位方式不同。首先，在进程的敏感信号中，除了时钟信号外，还应加上复位信号；其次，用 IF 描述复位条件；最后，在 ELSIF 段描述时钟信号边沿的条件。程序 5.3 是异步复位的 D 触发器，复位输入端是 clr。当 clr='1'时，q 端输出被设置为'0'，故 clr 又称为清零输入端。复位输入端信号级别最高，不受时钟信号 clk 的控制。

【程序 5.3】

```
Library ieee;
use ieee.std_logic_1164.all;
entity dff3 is
    port ( clk,clr,d: in std_logic;
        q:out std_logic);
end dff3;
architecture behave of dff3 is
begin
process (clk,clr)
    begin
        if (clr='1') then
            q<='0';
        elsif (clk'event and clk='1') then
        q<=d;
    end if;
    end process;
end  behave;
```

> 只要复位输入端是 clr='1'时，q 端输出被设置为'0'(输出被复位)，不受时钟控制

5.4　D 触发器

D 触发器是时序电路的基本记忆单元，其应用十分广泛，它是构成各种复杂时序逻辑电路或数字系统的基本单元。本节以基本 D 触发器和异步清零边沿 D 触发器为例，来讲述 D 触发器的相关设计方法。

5.4.1　基本 D 触发器

在数字电路中，基本 D 触发器的逻辑符号与真值表，如表 5-1 所示。

表 5-1　基本 D 触发器的逻辑符号与真值表

符　号	输　　入		输　　出	
	CP	D	Q	QB
D　　Q CP　　QB	0	×	保持	保持
	1	×	保持	保持
	⤊	0	0	1
	⤊	1	1	0

【程序 5.4】基本 D 触发器的 VHDL 描述。

分析：从基本 D 触发器的真值表中可以看出，基本 D 触发器只有在时钟脉冲 CP 的上升沿到来时，输入信号 D 的数据才会传递给输出端口 Q 及其反向输出 QB；否则，输出端口将保持原来的值。在编写 VHDL 程序时，可以使用 IF 语句判断 CP 是否为上升沿脉冲，然后根据 D 的输入来输出相应的逻辑值。CP 的上升沿还可用 RISING_EDGE(CP)语句来实

现。它的 VIIDL 程序设计如下：

```
Library ieee;
use ieee.std_logic_1164.all;
entity basic_D_trigger is
   port ( D,CP : in std_logic;
    Q,QB :out std_logic);
end basic_D_trigger;
architecture behave of basic_D_trigger is
begin
process(CP,D)
   begin
      if(CP 'event and CP ='1') then
         Q<=D;
         QB<=not D;
      end if;
   end process;
end behave;
```

基本 D 触发器的仿真波形如图 5-4 所示。从图中可以看出，CP 每发生一次上升沿跳变，Q 的输出与 D 的状态相同，QB 的输出与 D 的状态正好相反。

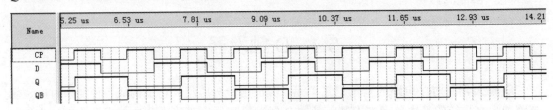

图 5-4　基本 D 触发器的仿真波形

5.4.2　异步清零边沿 D 触发器

异步清零是指只要清零端有效，不需等待时钟的上升沿到来就立即使触发器清零。在数字电路中，异步清零边沿 D 触发器的逻辑符号与真值表如表 5-2 所示。

表 5-2　异步清零边沿 D 触发器的逻辑符号与真值表

符　　号	输　　入			输　　出	
	CP	D	CIR	Q	QB
	×	×	1	0	1
	×	0	0	保持	保持
	×	1	0	保持	保持
	↑	0	0	0	1
	↑	1	0	1	0

（符号栏图示：D、CP、CLR 为输入，Q、QB 为输出的触发器逻辑符号）

【程序 5.5】异步清零边沿 D 触发器的 VHDL 描述。

分析：从异步清零边沿 D 触发器的真值表中可以看出，异步清零边沿 D 触发器需考虑 CLR 端的输入信号，所以在 D 触发器设计的基础上稍加改动即可。在编写 VHDL 程序时，可以使用 IF 语句先判断 CLR 是否为 1，若是则 Q 输出为 0；否则再判断 CP 是否为上升沿脉冲，若是则根据 D 的输入来输出相应的逻辑值。它的 VHDL 程序设计如下：

```
Library ieee;
use ieee.std_logic_1164.all;
entity async_D_trigger is
    port ( D,CP,CLR : in std_logic;
        Q,QB :out std_logic);
end async_D_trigger;
architecture behave of async_D_trigger is
signal Q_tmp,QB_tmp: std_logic;
begin
process (CP,D,CLR)
    begin
        if (CLR='1') then
            Q_tmp<='0';
            QB_tmp<='1';
        else
            if (CP 'event and CP ='1') then
                Q_tmp <=D;
                QB_tmp <=not D;
                else
                Q_tmp <= Q_tmp;
                QB_tmp <= QB_tmp;
                end if;
        end if;
    end process;
    Q <= Q_tmp; QB <= QB_tmp;
end behave;
```

异步清零边沿 D 触发器的仿真波形，如图 5-5 所示。从图中可以看出，当 CLR 为高电平时，Q 输出为低电平，而 QB 输出为高电平。当 CLR 不为高电平时，CP 每发生一次上升沿跳变，Q 的输出与 D 的状态相同，QB 的输出与 D 的状态正好相反；而 CP 为任意值时，Q 和 QB 均输出前一状态值，即输出为保持前一状态。

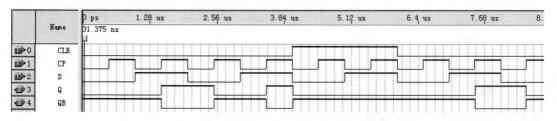

图 5-5　异步清零边沿 D 触发器的仿真波形

5.5　计　数　器

计数器是用于累计时钟脉冲个数的时序逻辑部件。计数器是数字系统中用途最广泛的基本部件之一，几乎在各种数字系统中都有计数器。它不仅可以计数，还可以对输入脉冲进行分频，以及构成时间分配器或时序发生器，对数字系统进行定时、程序控制操作。

计数器的分类有多种方法，根据脉冲输入方式的不同，可分为同步计数器和异步计数器两种；根据计数增、减趋势的不同，可分为加法计数器、减法计数器和可逆计数器 3 种；

根据进位数制的不同，可分为二进制计数器和非二进制计数器。

5.5.1 基本同步计数器

基本同步计数器是指能够实现简单计数功能的计数器。将计数脉冲引到所有触发器的时钟脉冲输入端，使各个触发器的状态变化与计数脉冲同步，这种方式组成的计数器称为同步计数器，其特点是计数速度快。

基本同步计数器的端口信号主要有 CP、Q、CO。其中 CP 为时钟输入信号；Q 为计数器输出信号，计数位数由参数 n-1 设定，n-1 的默认为 3；CO 为进位输出端。

通过设置计数位数参数 n-1 可以实现指定 2^{n-1} 进制计数器。若将 n-1 设置为 4，则可以实现 32 进制计数器。

【程序 5.6】4 位同步二进制计数器的 VHDL 描述。

分析：编写 4 位同步二进制计数器程序时，首先使用 IF 语句判断 CP 是否发生上升沿跳变，如果发生上升沿跳变，则进一步判断 Q 是否为'1111'。如果 Q='1111'，则 Q 清零，CO 输出为 1；否则 Q 进行加 1 运算，且 CO 输出为 0。Q 存在加 1 运算，因此需打开无符号运算程序包，即使用 "USE IEEE.STD_LOGIC_UNSIGNED.ALL；" 语句。4 位同步二进制加法计数器的 VHDL 程序编写如下：

```
Library ieee;
use ieee.std_logic_unsigned.all;
use ieee.std_logic_1164.all;
entity basic_cnt is
    generic (n:integer:=4);
    port ( CP : in std_logic;
        Q :out std_logic_vector(n-1 downto 0);
        CO:out std_logic);
end basic_cnt;
architecture behave of basic_cnt is
signal cnt: std_logic_vector(n-1 downto 0);
begin
process(CP)
    begin
        if(CP 'event and CP ='1') then
            if (cnt= "1111") then
                cnt<= "0000";
                CO<='1';
            else
                cnt<=cnt+1;
                CO<='0';
            end if;
        end if;
    end process;
    Q<=cnt;
end behave;
```

4 位同步二进制计数器的仿真波形如图 5-6 所示。从图中可以看出，时钟信号 CP 每发生一次上升沿跳变时，计数器进行加 1 计数。当计数到 15 时，在下一个时钟信号 CP 的上升沿其进位输出 CO 信号为高电平，且保持一个时钟周期，而计数值为 0；否则计数值加 1 且进位输出信号 CO 为低电平。

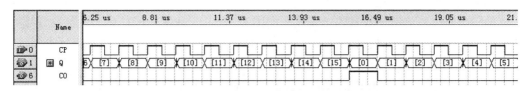

图 5-6　4 位同步二进制计数器的仿真波形

5.5.2　具有复位端口的同步计数器

1. 同步复位计数器

同步复位计数器是在基本同步计数器的基础上，增加了同步复位功能的计数器，其端口有 CP、RST、Q 和 CO。其中 CP 为时钟输入信号；RST 为同步复位输入信号；Q 为计数器输出信号；CO 为进位输出信号。

【程序 5.7】4 位同步复位二进制计数器的 VHDL 描述。

分析：编写 4 位同步复位二进制计数器程序时，首先使用 IF 语句判断 CP 是否发生上升沿跳变，如果发生上升沿跳变，再判断 RST 是否为高电平。如果 RST 为高电平，则将计数值清零，且 CO 也清零；否则进一步判断 Q 是否为"1111"。如果 Q="1111"，则 Q 清零，CO 输出为 1；否则 Q 进行加 1 运算，且 CO 输出为零。4 位同步复位二进制加法计数器的 VHDL 程序编写如下：

```
Library ieee;
use ieee.std_logic_unsigned.all;
use ieee.std_logic_1164.all;
entity sync_rst_cnt is
    generic (n:integer:=4);          --定义位宽为4
    port ( CP : in std_logic;
        RST : in std_logic;
        Q :out std_logic_vector(n-1 downto 0);
        CO:out std_logic);
end sync_rst_cnt;
architecture behave of sync_rst_cnt is
signal cnt: std_logic_vector(n-1 downto 0);
begin
process(CP, RST)
    begin
        if(CP 'event and CP ='1') then
            if (RST='1') then
                cnt<= "0000";
                CO<='0';
            else
                if (cnt= "1111") then
                    cnt<= "0000";
                    CO<='1';
                else
                    cnt<=cnt+1;
                    CO<='0';
                end if;
            end if;
        end if;
    end process;
    Q<=cnt;
end behave;
```

4 位同步复位二进制计数器的仿真波形如图 5-7 所示。从图中可以看出，当 Q 计数到 6 时，RST 为高电平后，在时钟信号 CP 的上升沿到来时，Q 才变为 0，因此 RST 是同步复位信号。CP 每发生一次上升沿跳变时，如果复位信号 RST 为低电平，则计数器进行加 1 计数。当计数到 15 时，在下一个时钟信号的上升沿到来时，其进位输出信号 CO 为高电平，且保持一个时钟周期，而计数值为 0；否则计数值加 1，且进位输出信号 CO 为低电平。

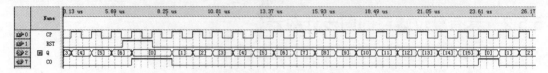

图 5-7　4 位同步复位二进制计数器的仿真波形

2. 异步复位计数器

异步复位是指当异步复位信号有效时，不管触发器的计数脉冲处于何种状态，立即执行计数器清零。异步复位计数器端口有 CP、RST、Q 和 CO。其中 CP 为时钟输入信号；RST 为异步复位输入信号；Q 为计数器输出信号；CO 为进位输出端。

【**程序 5.8**】4 位异步复位二进制计数器的 VHDL 描述。

分析：编写 4 位异步复位二进制计数器程序时，首先使用 IF 语句判断 RST 是否为高电平。如果 RST 为高电平，则将计数值清零，且 CO 也清零。然后再判断 CP 是否发生上升沿跳变，如果发生上升沿跳变，则进一步判断 Q 是否为"1111"。如果 Q="1111"，则 Q 清零，CO 输出为 1；否则 Q 进行加 1 运算，且 CO 输出为 0。4 位异步复位二进制加法计数器的 VHDL 程序编写如下：

```
Library ieee;
use ieee.std_logic_unsigned.all;
use ieee.std_logic_1164.all;
entity async_rst_cnt is
    generic (n:integer:=4);            --定义位宽为4
    port ( CP : in std_logic;
        RST : in std_logic;
        Q :out std_logic_vector(n-1 downto 0);
        CO:out std_logic);
end async_rst_cnt;
architecture behave of async_rst_cnt is
signal cnt: std_logic_vector(n-1 downto 0);
begin
process(CP, RST)
    begin
        if (RST='1') then
            cnt<= "0000";
            CO<='0';
        elsif CP 'event and CP ='1' then
            if (cnt= "1111") then
                cnt<= "0000";
                CO<='1';
            else
                cnt<=cnt+1;
                CO<='0';
            end if;
        end if;
    end process;
```

```
    Q<=cnt;
end  behave;
```

4 位异步复位二进制计数器的仿真波形如图 5-8 所示。从图中可以看出，当 Q 计数到 6 时，RST 为高电平后，不管时钟信号 CP 的上升沿是否到来，Q 立即变为 0，因此 RST 是异步复位信号。当 RST 为低电平，CP 每发生一次上升沿跳变时，则计数器进行加 1 计数。当计数到 15 时，在下一个时钟信号 CP 的上升沿到来时，其进位输出信号 CO 为高电平，且保持一个时钟周期，而计数值为 0；否则计数值加 1，且进位输出信号 CO 为低电平。

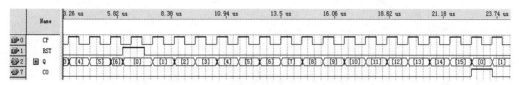

图 5-8　4 位异步复位二进制计数器的仿真波形

5.5.3　具有同步置数端口的同步计数器

具有同步置数端口的同步计数器是在同步复位计数器的基础上，增加了同步置数功能。它的端口有 CP、RST、SET、D、Q 和 CO。其中，CP 为时钟输入信号；RST 为同步复位输入信号；SET 为同步置数信号；D 为待置入的输入数据；Q 为计数器输出信号；CO 为进位输出端。

【程序 5.9】 4 位同步复位/置数二进制计数器的 VHDL 描述。

分析：编写 4 位同步复位/置数二进制计数器程序时，首先使用 IF 语句判断 CP 是否发生上升沿跳变，如果发生上升沿跳变，再判断 RST 是否为高电平。如果 RST 为高电平，则将计数值清零，且 CO 也清零，接着判断 SET 是否为高电平。如果 SET 为高电平，则将 D 中的数据赋值给 Q，使计数值在此基础进行计数，然后再进一步判断 Q 是否为 "1111"。如果 $Q=$ "1111"，则 Q 清零，CO 输出为 1；否则，Q 进行加 1 运算，且 CO 输出为零。4 位同步复位/置数二进制计数器的 VHDL 程序编写如下：

```
Library ieee;
use ieee.std_logic_unsigned.all;
use ieee.std_logic_1164.all;
entity sync_set_cnt is
   generic (n:integer:=4);            --定义位宽为 4
   port ( CP : in std_logic;
      RST : in std_logic;
      SET: in std_logic;
      D :in std_logic_vector(n-1 downto 0);
      Q :out std_logic_vector(n-1 downto 0);
      CO:out std_logic);
end sync_set_cnt;
architecture behave of sync_set_cnt is
signal cnt: std_logic_vector(n-1 downto 0);
begin
process(CP, RST,SET,D)
    begin
       if(CP 'event and CP ='1') then
           if (RST='1') then
               cnt<= "0000";
```

```
                    CO<='0';
            elsif (SET='1') then
                    cnt<=D;
        else
                    if (cnt= "1111") then
                        cnt<= "0000";
                        CO<='1';
                    else
                        cnt<=cnt+1;
                        CO<='0';
                    end if;
            end if;
        end if;
    end process;
    Q<=cnt;
end behave;
```

4 位同步复位/置数二进制计数器的仿真波形如图 5-9 所示。从图中可以看出，当 Q 计数到 5 时，RST 为高电平后，在时钟信号 CP 的上升沿到来时，Q 才变为 0；SET 为高电平后，在时钟信号 CP 的上升沿到来时，计数值变为 D 中的数据(12)，然后计数值在此基础上进行加 1 计数。在 CP 每发生一次上升沿跳变时，如果复位信号 RST 为低电平，则计数器进行加 1 计数。当计数到 15 时，在下一个时钟信号 CP 的上升沿到来时，其进位输出信号 CO 为高电平，且保持一个时钟周期，而计数值为 0；否则，计数值加 1，且进位输出信号 CO 为低电平。

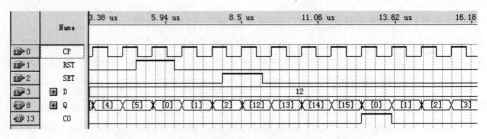

图 5-9　4 位同步复位/置数二进制计数器的仿真波形

5.6　锁　存　器

锁存器通常是由 D 触发器构成的。在数字电路中，74373 是一种常用的 8 位锁存器，它由使能控制端 EN、数据锁存控制端 G、数据输入端 $D_7 \sim D_0$ 和数据输出端 $Q_7 \sim Q_0$ 构成，其逻辑符号与真值表如表 5-3 所示。

表 5-3　74373 锁存器逻辑符号与真值表

符　号	输　入		输　出
	EN	G	Q
$D[7..0]$　$Q[7..0]$ EN G	0	1	$(D_7 \sim D_0) \rightarrow (Q_7 \sim Q_0)$
	0	0	保持
	1	×	$Q_7 \sim Q_0$ 高阻态

【程序 5.10】 74373 锁存器的 VHDL 描述。

分析：通过 74373 锁存器的真值表可以看出，当数据锁存控制端 G=1 且使能控制端 EN=0 时，锁存器把输入端口 D 的数据送到输出端口；当数据锁存控制端 G=0 且使能控制端 EN=0 时，锁存器输出端口将保持前一个状态；当使能控制端 EN=1 时，不管数据锁存控制端的状态如何，这时锁存器输出端口将处于高阻态。编写 74373 锁存器的 VHDL 程序时，需先使用 IF 语句判断 EN 是否等于 0，若是，再使用 IF 语句判断 G 是否等于 1，如果 G 等于 1，则将 D 输入 Q 中，否则 Q 保持前一状态；当 EN=1 时，则 Q 输出为高阻态。74373 锁存器的 VHDL 程序编写如下：

```
Library ieee;
use ieee.std_logic_unsigned.all;
use ieee.std_logic_1164.all;
entity latch_74373 is
    generic (n:integer:=8);              --定义位宽为8
    port ( D : in std_logic_vector(n-1 downto 0);
       EN: in std_logic;
       G : in std_logic;
       Q :out std_logic_vector(n-1 downto 0));
end latch_74373;
architecture behave of latch_74373 is
signal tmp: std_logic_vector(n-1 downto 0);
begin
process(D,EN,G)
    begin
       if (EN='0') then
           if (G='1') then
                tmp<=D;                 --传送数据
       else
                tmp<= tmp;              --数据保持
           end if;
       else
           tmp<= "ZZZZZZZZ ";           --高阻态
       end if;
    end process;
    Q<=tmp;
end behave;
```

74373 锁存器的仿真波形如图 5-10 所示。从图中可以看出，当 EN=0 时，如果 G=1，则 Q 输出的内容为 D 中的数据；如果 G=0，则 Q 输出为前一状态的数值。当 EN=1 时，则 Q 输出为高阻态。

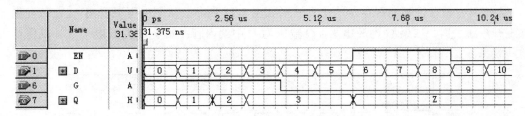

图 5-10 74373 锁存器的仿真波形

5.7 寄 存 器

5.7.1 基本寄存器

基本寄存器的功能是在脉冲和控制信号的作用下，实现对输入数据的缓存。基本寄存器可以在锁存控制信号的控制下，对输入的数据进行存储，它的端口有 D、CP、G 和 Q。其中，D 为数据输入端；CP 为时钟输入信号；G 为数据锁存控制信号；Q 为寄存器输出信号。

【程序 5.11】8 位具有锁存控制端寄存器的 VHDL 描述。

分析：编写 8 位具有锁存控制端寄存器的 VHDL 程序时，首先使用 IF 语句判断 CP 是否发生上升沿跳变，然后再判断 G 是否为高电平。如果 G 为高电平，则将 D 中的数据传输到 Q；如果 G 为低电平，则 Q 保持前一状态，其程序编写如下：

```
Library ieee;
use ieee.std_logic_unsigned.all;
use ieee.std_logic_1164.all;
entity latch_reg is
    generic (n:integer:=8);              --定义位宽为8
        port ( D : in std_logic_vector(n-1 downto 0);
        CP: in std_logic;
        G : in std_logic;
        Q :out std_logic_vector(n-1 downto 0));
end latch_reg;
architecture behave of latch_reg is
signal tmp: std_logic_vector(n-1 downto 0);
begin
process(D,CP,G)
    begin
        if (CP 'event and CP ='1') then
            if (G='1') then
                tmp<=D;                  --传送数据
        else
                tmp<= tmp;               --数据保持
            end if;
        end if;
    end process;
    Q<=tmp;
end behave;
```

8 位具有锁存控制端寄存器的仿真波形如图 5-11 所示。从图中可以看出，CP 每发生一次上升沿跳变时，如果 G 为高电平，Q 输出为 D 中的内容；如果 G 为低电平，则 Q 保持为前一状态。

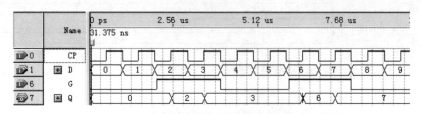

图 5-11　8 位具有锁存控制端寄存器的仿真波形

5.7.2 移位寄存器

移位寄存器是数字系统和计算机中的一个重要部件，它除了具有存储功能外，还具有移位功能。执行移位操作时，要求每过来一个时钟脉冲，寄存器中存储的数据就按顺序向左或向右移动一位。

移位寄存器有串行输入和并行输入两种输入方式。在串行输入方式下，寄存器是在同一时钟脉冲作用下，每输入一个时钟脉冲，输入数据就移入一位到寄存器中，同时已存入的数据继续右移或左移；在并行输入方式下，寄存器是在同一时钟脉冲作用下，每输入一个时钟脉冲，就将全部数据同时移入寄存器。

移位寄存器有串行输出和并行输出两种输出方式，串行输出方式寄存器是在时钟脉冲作用下逐位对外输出；并行输出方式寄存器的各位数据是通过其输出端同时对外输出的。

移位寄存器的类型较多，本节主要介绍串入/并出移位寄存器。

串入/并出移位寄存器是指具有 1 个串行数据输入端、1 个时钟输入端和多个数据输出端口的移位寄存器。对于这种移位寄存器来说，它的功能主要体现在输入数据将在时钟边沿的触发下逐级向后移动，当达到一定位数后并行输出。它的端口有 A、CLK、CLR 和 Q。其中，A 为串行数据输入端；CLK 为时钟输入信号；CLR 为异步清零复位信号；Q 为寄存器的 8 位数据输出端。

【程序 5.12】串入/并出移位寄存器的 VHDL 描述。

分析：编写串入/并出移位寄存器的 VHDL 程序时，先用 IF 语句判断 CLR 是否等于 1，若是则将 Q 输出设置为 0；否则，再判断 CLK 是否为上升沿跳变。如果是，则进行一次移位。串入/并出移位寄存器的 VHDL 程序编写如下：

```
Library ieee;
use ieee.std_logic_unsigned.all;
use ieee.std_logic_1164.all;
entity shift_reg is
    port ( A : in std_logic;
       CLK: in std_logic;
       CLR : in std_logic;
       Q :out std_logic_vector(7 downto 0));
end shift_reg;
architecture behave of shift_reg is
signal tmp: std_logic_vector(7 downto 0);
begin
process(CLK,CLR,A)
    begin
        if (CLR='0') then
            tmp<= "00000000 ";
        elsif (CLK 'event and CLK ='1') then
            tmp(0)<=A;
    tmp(1)<= tmp(0);
            tmp(2)<= tmp(1);
            tmp(3)<= tmp(2);
            tmp(4)<= tmp(3);
            tmp(5)<= tmp(4);
            tmp(6)<= tmp(5);
            tmp(7)<= tmp(6);
        end if;
    end process;
```

```
        Q<=tmp;
end  behave;
```

串入/并出移位寄存器的仿真波形如图 5-12 所示。在图 5-12 中，为了使读者看到数据在寄存器内部串行传送的关系，显示出 8 个触发器的 Q 状态。在每个时钟信号 CLK 的上升沿实现各触发器状态的移位，即 $Q_0=A$、$Q_1=Q_0$、$Q_2=Q_1$、$Q_3=Q_2$、$Q_4=Q_3$、$Q_5=Q_4$、$Q_6=Q_5$、$Q_7=Q_6$。当 CLR 为低电平时，Q 为 00。

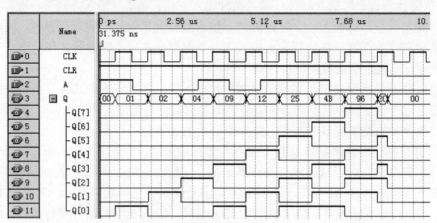

图 5-12　串入/并出移位寄存器的仿真波形

5.8　存　储　器

存储器是数字系统的重要组成部分，是用于存储程序和数据的部件。存储器还可以完成一些特殊的功能，如多路复用、速率变换、数值计算、脉冲形成、特殊序列产生及数字频率合成等。根据功能的不同，可以将存储器分为只读存储器(read only memory，ROM)和随机存储器(random access memory，RAM)两大类。具有先进先出存储规则的读/写存储器，又称为先进先出栈(FIFO)；具有后进先出存储规则的读/写存储器，又称为后进先出栈(LIPO)。

从应用的角度出发，各个公司的编译器都提供了相应的库文件，有利于减轻编程难度，并加快编程进度，这些模块均符合工业标准，应用非常方便。Altera 公司的 Quartus II 软件库 Megafunction 中提供了 ROM、RAM、FIFO 等参数化存储器宏模块，使用时可通过原理图或 VHDL 程序的方式直接调用相应的宏模块。本节主要讲解 ROM、RAM、FIFO 的 VHDL 程序实现。

5.8.1　ROM 只读存储器

ROM 是存储器中最简单的一种。它的存储信息需要事先写入，在使用时只能读取，不能写入。系统掉电后，ROM 内的信息不会丢失。ROM 适用于存储固定数据的场合。

【程序 5.13】用 VHDL 描述一个容量为 128×8B 的 ROM 存储器，该 ROM 有 10 位地址线 address[9..0]、8 位数据输出线 dataout[7..0]和使能 EN 端，其引脚排列如图 5-13 所示。

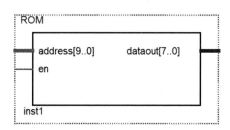

图 5-13　ROM 引脚排列

分析：在设计 ROM 时，根据 ROM 的大小，可以采用不同的方法进行设计，如 4×8B、8×8B 或 16×8B 的 ROM 可以采用数组描述或使用 WHEN-ELSE 语句。用数组描述 ROM 在面积上是最有效的。在用数组描述时，通常将数组常量描述的 ROM 放在一个程序包中，这样可以提供 ROM 的重用，在程序包中应当用常量定义 ROM 的大小。而用 WHEN-ELSE 语句描述 ROM 却是最直观的，它是通过类似查表的方式来实现的。所以，在此使用 WHEN-ELSE 语句来编写。程序编写如下：

```
Library ieee;
use ieee.std_logic_unsigned.all;
use ieee.std_logic_arith.all;
use ieee.std_logic_1164.all;
entity ROM is
    port ( address : in std_logic_vector(9 downto 0);
        en: in std_logic;
        dataout :out std_logic_vector(7 downto 0));
end ROM;
architecture behave of ROM is
begin
    dataout<= "00001001" when (address= "0000000000" and en='0') else
             "00001010" when (address= "0000000001" and en='0') else
             "00001011" when (address= "0000000010" and en='0') else
             "00001100" when (address= "0000000011" and en='0') else
             "00001101" when (address= "0000000100" and en='0') else
             "00001110" when (address= "0000000101" and en='0') else
             "00001111" when (address= "0000000110" and en='0') else
             "00011001" when (address= "0000000111" and en='0') else
             "00011011" when (address= "0000001000" and en='0') else
          "00011101" when (address= "0000001001" and en='0') else
          "00011100" when (address= "0000001010" and en='0') else
          "00101001" when (address= "0000001011" and en='0') else
          "00101010" when (address= "0000001100" and en='0') else
          "00101011" when (address= "0000001101" and en='0') else
          "00111001" when (address= "0000001110" and en='0') else
          "00111101" when (address= "0000001111" and en='0') else
          "01001001" when (address= "0000010000" and en='0') else
          "10001001" when (address= "0000010001" and en='0') else
          "10101001" when (address= "0000010010" and en='0') else
          "00000000";
end  behave;
```

128×8 B 的 ROM 存储器的仿真波形，如图 5-14 所示。从图中可以看出，当 en=0 时，只要指定相应的地址 address，就有相应的数据从 dataout 中输出。

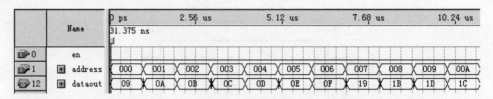

图 5-14　128×8B 的 ROM 存储器的仿真波形

5.8.2　RAM 随机存储器

RAM 随机存储器可以随时在任一指定地址写入或读取数据，其优点是可方便读/写数据，但是掉电后所存储的数据会丢失。RAM 是并行寄存器的集合，主要用于数据存储。数据可被写入任意内部寄存器单元，也可从任意内部寄存器单元读出。每个寄存器单元对应一个地址，由地址线确定对某个寄存器单元进行数据读/写。RAM 在时钟和写使能有效时，将外部数据写入某地址对应的单元；在时钟和读使能有效时，将某地址对应单元的数据读出。RAM 可分为单口 RAM(读/写地址线合用)和双口 RAM(读/写地址线分开)两种。

【程序 5.14】用 VHDL 描述一个容量为 256×8B 的单口 RAM 随机存储器，该 RAM 有 8 位地址线 address[7..0]、8 位数据输入线 datain[7..0]，8 位数据输出线 dataout[7..0]、时钟端 clk 和读/写控制端 wr，其引脚排列如图 5-15 所示。

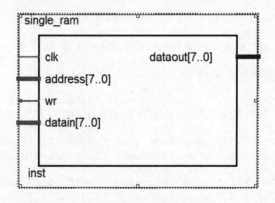

图 5-15　RAM 引脚排列

分析：由于单口 RAM 的读/写地址线合用，因此在编写 VHDL 程序时，首先判断 clk 在每次上升沿发生跳变时，如果写信号 wr=1，则将数据通过 datain 写入相应的地址中去。对于地址中的数据读取，则是直接将相应地址中的内容送给 dataout 即可。程序编写如下：

```
Library ieee;
use ieee.std_logic_unsigned.all;
use ieee.std_logic_arith.all;
use ieee.std_logic_1164.all;
entity single_ram is
    port(clk : in std_logic;
            address : in std_logic_vector(7 downto 0);
        wr : in std_logic;
        datain: in std_logic_vector(7 downto 0);
        dataout: out std_logic_vector(7 downto 0));
    end single_ram;
architecture behave of single_ram is
```

```
subtype word is std_logic_vector(7 downto 0);    --定义 word 为数组类型
type memory is array(255 downto 0) of word;      --定义 memory 为 word 类型
signal ram_mem: memory;
begin
 process(clk)
    begin
        if (clk'event and clk = '1') then
              if (wr = '1') then
              ram_mem (conv_integer(address)) <= datain;
              end if;
        end if;
     end process;
     dataout<= ram_mem(conv_integer(address));
end behave;
```

单口 RAM 的读/写数据仿真波形如图 5-16 所示。从图中可以看出,clk 发生上升沿跳变、wr=1 时,dataout 中的内容为 "00",表示此时对地址写数据;当 wr=0 时,dataout 为相应地址中的内容。

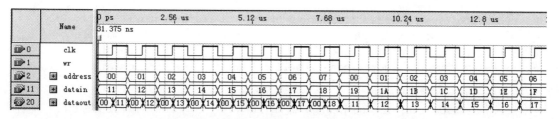

图 5-16　单口 RAM 的读/写数据仿真波形

5.8.3　FIFO 存储器

先入先出(first in first out,FIFO)是一种特殊功能的存储器,数据以到达 FIFO 输入端口的先后顺序存储在存储器中,并以相同的顺序从 FIFO 的输出端口送出,所以 FIFO 内数据的写入和读取只受读/写请求信号的控制,而不需要读/写地址线。

【程序 5.15】用 VHDL 描述一个容量为 8×8B、深度为 16 的 FIFO,其引脚排列如图 5-17 所示。要求存入数据按顺序排放;存储满时给出信号,并拒绝继续存入;全空时也给出信号,并拒绝读出;读出时按先进先出原则;存储数据一旦读出就从存储器中消失。

分析:可以将每个存储单元设置为字,将存储器作为由字构成的数组。编写 FIFO 的 VHDL 程序时,可以定义写指针 wr_ptr、读指针 rd_ptr 和 1 个计数器 cnt。读指针用于选择将要读取的数据存储单元地址;写指针用于选择将要存入数据的寄存器单元地址;计数器用于记录存储单元的使用情况。在 clk 发生上升

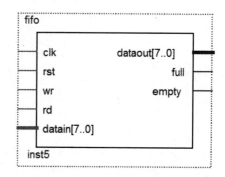

图 5-17　FIFO 引脚排列

沿跳变的情况下,当复位信号 rst 有效时,所有寄存器清零,各指针复位,满标志清零;当写使能有效时,将输入数据写入写指针对应的存储单元,同时将写指针指向下一个空存储单元,计数器加 1(表示已使用存储单元数增加);当读使能有效时,将读指针对应的存储单

EDA 技术及 VHDL 程序设计

元数据读出，同时将读指针指向下一个数据存储单元，计数器减 1(表示已使用存储单元数减少)。根据存储单元的使用情况，计数器的值发出空满标志或其他标志(如基本空、基本满等标志)。其程序编写如下：

```
Library ieee;
use ieee.std_logic_unsigned.all;
use ieee.std_logic_arith.all;
use ieee.std_logic_1164.all;
entity fifo is
      port ( clk : in   std_logic;
             rst: in    std_logic;
             wr: in    std_logic;
             rd: in    std_logic;
             datain:   in  std_logic_vector(7 downto 0);
                  dataout : out   std_logic_vector(7 downto 0);
                  full: out   std_logic ;              --存储状态满标志
             empty: out   std_logic );                 --存储状态空标志
end fifo;
architecture behave of fifo is
type fifo_type is array (15 downto 0) of std_logic_vector(7 downto 0);
signal fifo_mem: fifo_type;                            --定义存储单元
signal wr_ptr: integer range 0 to 15;                  --定义写指针
signal rd_ptr: integer range 0 to 15;                  --定义读指针
begin
process(clk)
      variable cnt: integer range 0 to 16;             --存储单元使用统计
      begin
         if (clk'event and clk = '1') then
             if (rst = '1' ) then                       --复位
             for I in 15 downto 0 loop
                   fifo_mem(i) <= (others => '0'); --对所有存储单元清零
                end loop;
           wr_ptr<=0;
                rd_ptr<=0;
                cnt:=0;
                empty <= '1';
                full <= '0';
             elsif ( wr = '1')   then
                fifo_mem(wr_ptr) <= datain;
                if (cnt<16) then
                    cnt:=cnt+1;
                    if wr_ptr<15 then
                        wr_ptr< =wr_ptr+1;
                    else
                        wr_ptr<=0;
                    end if;
                end if;
             elsif ( rd = '1')   then
                if (cnt>0) then
                    cnt:=cnt-1;
                    if rd_ptr<15 then
                        rd_ptr<= rd_ptr+1;
                    else
                        rd_ptr<=0;
                    end if;
                end if;
             end if;
```

```
                if (cnt=0) then
                    empty <= '1';
                else
                    empty <= '0';
                end if;
                if (cnt=16) then
                    full <= '1';
                else
                    full <= '0';
                end if;
            end if;
        end process;
    process(rd)
        begin
            if (rd='1') then
                dataout<=fifo_mem(rd_ptr);
            else
                dataout<= "ZZZZZZZZ";
            end if;
        end process;
    end behave;
```

容量为 8×8B、深度为 16 的 FIFO 的读/写仿真波形如图 5-18 所示。从图中可以看出,
在 clk 上升沿发生跳变、rst 无效的情况下,先写入的数据会被先读出。

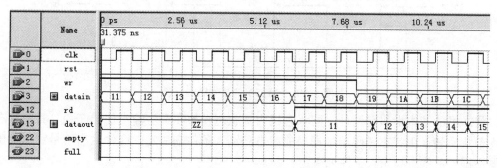

图 5-18 FIFO 的读/写仿真波形

5.9 有限状态机的设计

5.9.1 有限状态机的定义

有限状态机又称为有限状态自动机,简称状态机,是表示有限个状态以及在这些状态
之间的转移和动作等行为的数学模型。在数字电路系统中,状态机是一种十分重要的时序
逻辑电路模块,它是一组触发器的输出状态随着时钟脉冲和输入信号按照一定的规律变化
的一种机制或过程。

状态机是由状态寄存器和组合逻辑电路构成的,能够根据控制信号按照预先设定的状
态进行转移,是协调相关信号动作、完成特定操作的控制中心。常用的状态机由 3 个部分
组成,即当前状态寄存器(current state,CS)、下一状态组合逻辑(next state,NS)和输出组合
逻辑(output logic,OL)。

5.9.2 状态机的结构及分类

1. 状态机的结构

通常状态机是控制单元的主体，它接收外部信号及数据单元产生的状态信息，产生控制信号序列，其基本结构示意如图 5-19 所示。从图 5-19 中可以看出，状态机主要有 3 个必不可少的要素，即输入信号、输出信号及一组记忆状态机内部状态的状态寄存器。状态机寄存器的下一个状态及输出不仅与输入信号有关，而且还与寄存器的当前状态有关。状态机可认为是组合逻辑和寄存器逻辑的特殊组合，它包括两个主要部分，即组合逻辑部分和寄存器部分。寄存器部分用于存储状态机的内部状态；组合逻辑部分又分为状态译码器和输出译码器。状态译码器确定状态机的下一个状态，即确定状态机的激励方程；输出译码器确定状态机的输出，即确定状态机的输出方程。

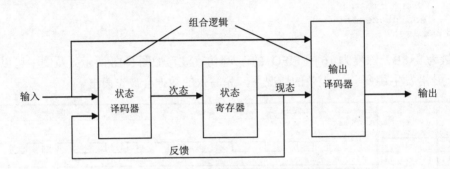

图 5-19　状态机的基本结构示意

状态机的基本操作有两种，即状态机内部状态转换和产生输出信号序列。其中状态机的内部状态转换由状态译码器根据当前状态和输入条件来决定；产生输出信号则由输出译码器根据当前状态和输入条件来决定。

用输入信号决定下一状态又称为转换。除转换外，复杂的状态机还具有重复和历程功能。从一个状态转换到另一个状态称为控制定序，而决定下一个状态所需的逻辑称为转换函数。

VHDL 的结构非常适合编写状态机，而且编写方式并不唯一。不同的编写方式会影响电路的集成。状态机的设计主要用到 CASE 和 IF 这两个语句。CASE 语句用于指定并行的行为，而 IF 语句用于设定优先度的编码逻辑。

2. 状态机的分类

在实际应用中，根据状态机是否使用输入信号，设计人员经常将其分为摩尔(Moore)型状态机和米利(Mealy)型状态机。这两种状态机在结构上最显著的区别在于，Mealy 型状态机的输出不仅与其现态有关，还与其输入有关，即可以把 Mealy 型状态机的输出看作当前状态和所有输入信号的函数；Moore 型状态机的输出仅与其现态变量相关，即可以把 Moore 型状态机的输出看作当前状态的函数。这两者结构上的差异反映在功能上，表现为前者比后者要快一个时钟周期，但同时也会将输入信号的噪声传递给输出；而 Moore 型状态机最大的优点就是可以将输入部分与输出部分隔离开。

5.9.3 状态机的设计步骤

利用 VHDL 语言设计状态机,所有的状态可表示为 CASE-WHEN 结构中的一个 WHEN 子句,而状态的转换则通过 IF-THEN-ELSE 语句实现。

1. 利用枚举型定义状态信号

```
type states is ( st0, st1, st2, ...);          --定义 states 为枚举型数据类型
signal current_state, next_state: states;      -- 定义现态和次态信号
```

2. 建立状态机进程

```
state_comb: process (current_state, din )      -- 状态转换进程
begin
...
end process state_comb;
```

3. 在进程中定义状态的转换

在进程中使用 CASE-WHEN 语句,因状态 st0 是状态转换的起点,因此,把 st0 作为 CASE 语句中第一个 WHEN 子句项,然后利用 IF-THEN-ELSE 语句列出转移到次态的条件,即可写出状态转换流程:

```
case current_state is
    when st0=>out<='0'; if din='1' then next_state<=st1;
    else next_state<=st0; end if;
...
```

5.9.4 Moore 型状态机

Moore 型状态机是一种最基本的有限状态机,这种状态机的结构如图 5-20 所示。状态存储器用于存储获得下一个状态的值。从图 5-20 可以看出,其输出与输入没有直接的关系,只与当前状态有关,是严格的现态函数。在时钟脉冲的有效边沿作用下的有限个门延时后,输出达到稳定值。即使在时钟周期内输入信号发生变化,输出也会保持稳定不变。从时序上看,Moore 型状态机属于同步输出状态机。Moore 型有限状态机最重要的特点就是将输入与输出信号隔离开来。

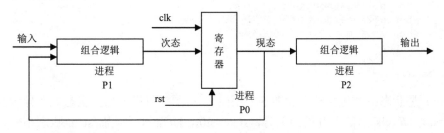

图 5-20　Moore 型状态机结构框图

【程序 5.16】Moore 型状态机的 VHDL 描述。

分析:在程序中可以定义时序逻辑进程 P1 和组合逻辑进程 P2,其中时序逻辑进程 P1 包含决定状态转换的输入信号(如复位信号 rst 和外部时钟驱动信号);组合逻辑进程 P2 中的输出由当前状态 state 决定。编写的 VHDL 程序如下:

```
library ieee;
use ieee.std_logic_1164.all;
entity Moore is
   port(clk:in std_logic;
       rst:in std_logic;
       datain: in std_logic;
       dataout:out std_logic_vector(3 downto 0));
end Moore;
architecture behave of Moore is
type states is (st0,st1,st2,st3);
signal state:states;
begin
p1:process(clk,rst)              --时序逻辑进程
begin
   if (rst='1') then             --异步复位
       State<=st0;
   elsif (clk'event and clk='1') then
       case state is
       when st0=>
          if datain='1' then state<=st1;
          else state<=st0;
          end if;
       when st1=>
          if datain='0' then state<=st2;
          else state<=st1;
          end if;
       when st2=>
          if datain='1' then state<=st3;
          else state<=st2;
          end if;
       when st3=>
          if datain='0' then state<=st0;
          else state<=st3;
          end if;
       end case;
   end if;
end process p1;
p2:process (state)               --由信号 state 将当前状态值带出此
begin                                进程,进入 p2 进程
   case state is                 --确定当前状态值
       when st0=>dataout<="0001"; --输出对应状态的值
       when st1=>dataout<="0010";
       when st2=>dataout<="0100";
       when st3=>dataout<="1000";
   end case;
end process p2;
end behave;
```

Moore 型状态机的仿真波形如图 5-21 所示。从图中可以看出，状态机在异步复位信号后 state=st0，在 clk 后的上升沿到来时，state=st0，datain=0，从而 state 状态不变，仍然为 st0；在下一个 clk 的上升沿到来时，state=st0，datain=1，state 状态由 st0 转换到 st1，输出 dataout=0010。

从程序 5.16 状态机的 VHDL 程序可以看出，该状态机的输出 dataout 只与当前状态值 state 有关，并且只在时钟沿到来时才发生变化，生成的状态如图 5-22 所示，综合后的 Moore 型状态机的 RTL 如图 5-23 所示。

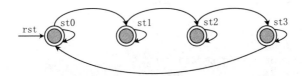

图 5-21 Moore 型状态机的仿真波形

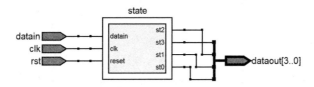

图 5-22 Moore 型状态机的状态转移

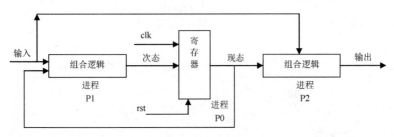

图 5-23 Moore 型状态机的 RTL

5.9.5 Mealy 型状态机

Mealy 型状态机的输出是现态和所有输入的函数，输出随输入的变化而随时发生变化。因此，从时序的角度看，Mealy 型状态机属于异步输出的状态机，其输出不依赖于系统时钟。图 5-24 所示为 Mealy 型状态机的结构框图，从中可以看出，状态机的输出与输入有直接关系。

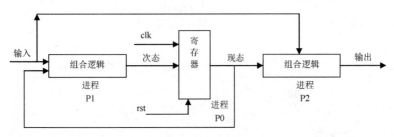

图 5-24 Mealy 型状态机结构框图

【程序 5.17】Mealy 型状态机的 VHDL 描述。

分析：Mealy 型状态机的 VHDL 结构要求至少有两个进程，或者是一个状态机进程加一个独立的并行赋值语句。所以，在程序中可以定义主控时序逻辑进程 P1 和组合逻辑进程 P2，其中时序逻辑进程 P1 包含决定状态转换的输入信号(如复位信号 rst 和外部时钟驱动信号 clk)；组合逻辑进程 P2 中的输出由当前状态 state 和输入条件共同决定。编写的 VHDL 程序如下：

```
library ieee;
use ieee.std_logic_1164.all;
entity Mealy is
```

```
        port(clk:in std_logic;
            rst:in std_logic;
            datain: in std_logic;
            dataout:out std_logic_vector(3 downto 0));
end Mealy;
architecture behave of Mealy is
type states is (st0,st1,st2,st3);
signal state:states;
begin
p1:process(clk,rst)                --时序逻辑进程
begin
    if (rst='1') then              --异步复位
        State<=st0;
    elsif (clk'event and clk='1') then
        case state is
        when st0=>
            if datain='1'  then state<=st1;
            else  state<=st0;
            end if;
        when st1=>
            if datain='0'  then state<=st2;
            else  state<=st1;
            end if;
        when st2=>
            if datain='1'  then state<=st3;
            else  state<=st2;
            end if;
        when st3=>
            if datain='0'  then state<=st0;
            else  state<=st3;
            end if;
        end case;
    end if;
end process p1;
p2:process (datain,state)          --由信号state将当前状态值带出此
begin                                进程，进入p2进程
    case state is                  --确定当前状态值
        when st0=>
        if datain='1' then
            dataout<="0001";       --对应状态st0的数据输出为0001
        else
            dataout<="0000";
        end if;
    when st1=>
        if datain='0' then
            dataout<="0010";       --对应状态st1的数据输出为0010
        else
            dataout<="0001";
        end if;
    when st2=>
        if datain='1' then
            dataout<="0100";       --对应状态st2的数据输出为0100
        else
            dataout<="0010";
        end if;
    when st3=>
        if datain='0' then
            dataout<="1000";       --对应状态st3的数据输出为1000
```

```
        else
            dataout<="0100";
        end if;
    end case;
end process p2;
end behave;
```

Mealy 型状态机的仿真波形如图 5-25 所示。从图 5-25 中可以看出，状态机在异步复位信号到来时，datain=1，输出 dataout=0001，在 clk 的有效上升沿到来之前，datain 发生了变化，由 1→0，输出 dataout 随即发生变化，由 0000→0001，反映了 Mealy 型状态机属于异步输出状态机且它不依赖于时钟的鲜明特点。综合后的 Mealy 型状态机的 RTL 如图 5-26 所示。

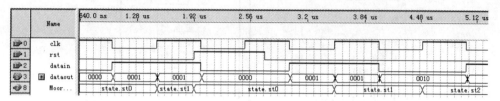

图 5-25 Mealy 型状态机的仿真波形

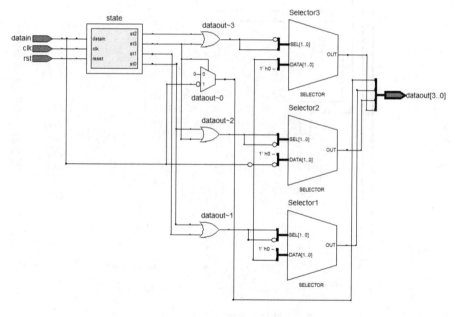

图 5-26 Mealy 型状态机的 RTL

5.10 时序逻辑电路设计实例

1. 设计任务

设计用于体育比赛的数字秒表。具体要求如下。

(1) 计时器能显示 0.01 s 的时间。

(2) 计时器的最长计时时间为 24 h。

时序逻辑电路设计如图 5-27 所示。

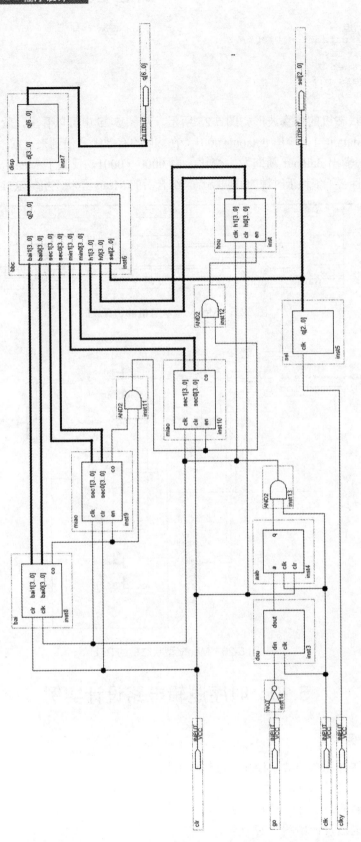

图 5-27　时序逻辑电路设计

2. 模块及模块功能

模块 BAI 如图 5-28 所示。该模块为一百进制计数器，输出的数值为 0.01 s 和 0.1 s。

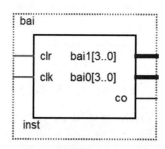

图 5-28　模块 BAI

【程序 5.18】模块 BAI 的 VHDL 描述如下：

```
library ieee;
use ieee.std_logic_1164.all;
use ieee.std_logic_unsigned.all;
entity bai is
    port(clr:in std_logic;
        clk:in std_logic;
        bai1,bai0: out std_logic_vector(3 downto 0);
        co:out std_logic);
end bai;
architecture behave of bai is
begin
process(clk,clr)
variable cnt0,cnt1: std_logic_vector(3 downto 0);
begin
    if (clr= '0') then
        cnt0:= "0000";
        cnt1:= "0000";
    elsif (clk'event and clk = '1') then
        if (cnt0="1000" and cnt1="1001") then
            cnt0:= "1001";
            co<='1';
        elsif (cnt0<"1001") then
            cnt0:=cnt0+1;
        else
            cnt0:= "0000";
            if (cnt1<"1001") then
                cnt1:=cnt1+1;
        else
            cnt1:= "0000";
            co<='0';
        end if;
        end if;
    end if;
    bai1<=cnt1;
    bai0<=cnt0;
end process;
end behave;
```

模块 MIAO 如图 5-29 所示。该模块为六十进制计数器，用于对秒和分进行计数。

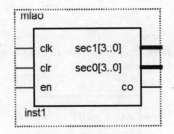

图 5-29 模块 MIAO

【程序 5.19】模块 MIAO 的 VHDL 描述如下：

```
library ieee;
use ieee.std_logic_1164.all;
use ieee.std_logic_unsigned.all;
entity miao is
    port(clk :in std_logic;
        clr:in std_logic;
        en:in std_logic;
        sec1,sec0: out std_logic_vector(3 downto 0);
        co:out std_logic);
end miao;
architecture behave of miao is
begin
process(clk,clr)
variable cnt0,cnt1: std_logic_vector(3 downto 0);
begin
    if (clr= '0') then
        cnt0:= "0000";
        cnt1:= "0000";
    elsif (clk'event and clk = '1') then
        if (en= '1') then
            if (cnt1="0101" and cnt0="1000") then
                cnt0:= "1001";
                co<='1';
            elsif (cnt0<"1001") then
                cnt0:=cnt0+1;
            else
                cnt0:= "0000";
                if (cnt1<"0101") then
                    cnt1:=cnt1+1;
                else
                    cnt1:= "0000";
                    co<='0';
                end if;
            end if;
        end if;
    end if;
    sec1<=cnt1;
    sec0<=cnt0;
end process;
end behave;
```

模块 HOU 如图 5-30 所示。该模块为二十四进制计数器，计数的输出为小时的数值。

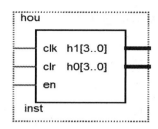

图 5-30　模块 HOU

【程序 5.20】模块 HOU 的 VHDL 描述如下：

```
library ieee;
use ieee.std_logic_1164.all;
use ieee.std_logic_unsigned.all;
entity hou is
    port(clk :in std_logic;
        clr:in std_logic;
        en:in std_logic;
        h1,h0: out std_logic_vector(3 downto 0));
end hou;
architecture behave of hou is
begin
process(clk,clr)
variable cnt0,cnt1: std_logic_vector(3 downto 0);
begin
    if (clr= '0') then
        cnt0:= "0000";
        cnt1:= "0000";
    elsif (clk'event and clk = '1') then
        if (en= '1') then
            if (cnt1="0010" and cnt0="0011") then
                cnt0:= "0000";
                cnt1:= "0000";
            elsif (cnt0<"1001") then
                cnt0:=cnt0+1;
            else
                cnt0:= "0000";
                cnt1:=cnt1+1;
            end if;
        end if;
    end if;
    h1<=cnt1;
    h0<=cnt0;
end process;
end behave;
```

模块 DOU 是同步消抖动模块，如图 5-31 所示。

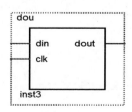

图 5-31　模块 DOU

【程序 5.21】模块 DOU 的 VHDL 描述如下：

```
library ieee;
use ieee.std_logic_1164.all;
entity dou is
    port(din :in std_logic;
        clk:in std_logic;
        dout:out std_logic);
end dou;
architecture behave of dou is
signal x,y: std_logic;
begin
process(clk)
begin
    if (clk'event and clk = '1') then
        x<=din;
        y<=x;
    end if;
    dout<=x and (not y);
end process;
end behave;
```

模块 AAB 如图 5-32 所示。

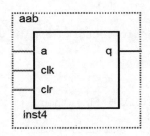

图 5-32　模块 AAB

秒表的启停是通过控制送给计数器的时钟实现的，当按下启停键后，信号 Q 的状态发生翻转。Q 为 "1" 时，时钟可通过与门，秒表计时；Q 为 "0" 时，时钟被屏蔽，计数器得不到时钟，停止计数。

【程序 5.22】模块 AAB 的 VHDL 描述如下：

```
library ieee;
use ieee.std_logic_1164.all;
entity aab is
    port(a,clk,clr :in std_logic;
        q:out std_logic);
end aab;
architecture behave of aab is
begin
process(clk)
variable tmp: std_logic;
begin
    if (clr= '0') then
        tmp:= '0';
    elsif (clk'event and clk = '1') then
        if (a= '1') then
            tmp:=not tmp;
        end if;
    end if;
```

```
    q<=tmp;
end process;
end behave;
```

模块 SEL 如图 5-33 所示。该模块产生数码管的片选信号。

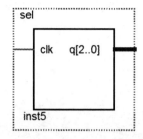

图 5-33　模块 SEL

【程序 5.23】 模块 SEL 的 VHDL 描述如下：

```
library ieee;
use ieee.std_logic_1164.all;
use ieee.std_logic_unsigned.all;
entity sel is
    port(clk :in std_logic;
        q:out std_logic_vector(2 downto 0));
end sel;
architecture behave of sel is
begin
process(clk)
variable cnt: std_logic_vector(2 downto 0);
begin
    if (clk'event and clk = '1') then
        cnt:=cnt+1;
    end if;
    q<=cnt;
end process;
end behave;
```

模块 BBC 如图 5-34 所示。此模块对应不同的片选信号，送出不同的显示数据。

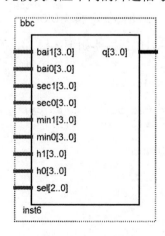

图 5-34　模块 BBC

【程序 5.24】模块 BBC 的 VHDL 描述如下：

```
library ieee;
use ieee.std_logic_1164.all;
entity bbc is
    port(bai1,bai0,sec1,sec0,min1,min0,h1,h0 :in std_logic_vector(3 downto
0);
    sel :in std_logic_vector(2 downto 0);
    q:out std_logic_vector(3 downto 0));
end bbc;
architecture behave of bbc is
begin
process(sel)
begin
    case sel is
        when "000" => q<=bai0;
        when "001" => q<=bai1;
        when "010" => q<=sec0;
        when "011" => q<=sec1;
        when "100" => q<=min0;
        when "101" => q<=min1;
        when "110" => q<=h0;
        when "111" => q<=h1;
        when others => q<="1111";
    end case;
end process;
end behave;
```

如图 5-35 所示，模块 DISP 是七段译码器。

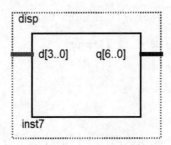

图 5-35　模块 DISP

【程序 5.25】模块 DISP 的 VHDL 描述如下：

```
library ieee;
use ieee.std_logic_1164.all;
entity disp is
    port(d :in std_logic_vector(3 downto 0);
    q:out std_logic_vector(6 downto 0));
end disp;
architecture behave of disp is
begin
process(d)
begin
    case d is
        when "0000" => q<="0111111";
        when "0001" => q<="0000110";
        when "0010" => q<="1011011";
        when "0011" => q<="1001111";
```

```
        when "0100" => q<="1100110";
        when "0101" => q<="1101101";
        when "0110" => q<="1111101";
        when "0111" => q<="0100111";
        when "1000" => q<="1111111";
        when "1001" => q<="1101111";
        when others => q<="0000000";
    end case;
end process;
end behave;
```

第 6 章

Quartus II 软件中的宏模块

Quartus II 软件针对常用的功能，提供了参数化(parameterized)的宏功能(megafunctions)模块。宏功能模块是复杂或更高级构建的模块，可在 Quartus II 设计文件中，与逻辑门或触发器等基本单元一起使用。使用宏功能模块能节省时间，不需要用户对逻辑进行编码，只需调用合适的宏功能模块即可，通过设置参数可方便地将宏功能模块伸缩为不同的大小。用户可以通过向导工具 MegaWizard Plug-In Manager 调用宏功能，该向导工具帮助用户建立或修改包含自定义宏功能模块变量的设计文件，这些设计文件可以在用户的设计中进行实例化。

Quartus II 中的宏模块主要放置在 megafunction 库、maxplus2 库和 primitives 库中。下面分别进行介绍。

6.1　megafunction 库

6.1.1　算术运算模块库

算术运算模块库包含了加减乘除运算、绝对值运算和数值比较等基本算术运算功能的模块，表 6-1 详细列出了该库所有宏模块的名称和功能。

表 6-1　算术运算模块目录

序号	宏模块名称	功能描述
1	altaccumulate	参数化累加器宏模块(不支持 MAX3000 和 MAX7000 系列)
2	altfp_add_sub	浮点加法器/减法器宏模块
3	altfp_div	参数化除法器宏模块
4	altfp_mult	浮点乘法器
5	altmemmult	参数化存储乘法器宏模块(仅支持 Cyclone、Cyclone I 、HardCopy II 、HardCopy Stratix、Stratix、Stratix II 和 Stratix GX 系列)
6	altmult_accum	参数化相乘-累加器宏模块 Paramet erized multiply-accumulate megafunction
7	altmult_add	参数化乘加器宏模块
8	altsqrt	参数化整数平方根运算宏模块
9	Lpm_abs	参数化绝对值运算宏模块
10	lpm_add_sub	参数化加法器/减法器宏模块(推荐使用)
11	lpm_compare	参数化比较器宏模块(推荐使用)
12	lpm_counter	参数化计数器宏模块(推荐使用)
13	lpm_divide	参数化除法器宏模块(推荐使用)
14	lpm_mult	参数化乘法器宏模块(推荐使用)
15	parallel_add	并行加法器宏模块

1. 加法器和减法器

加法器是数字系统中最基本的运算电路，其他运算电路如减法器、乘法器和除法器等都可以利用加法器实现。本书推荐设计者使用 lpm_add_sub 宏模块构造加法器和减法器，以取代其他类型的加法器和减法器宏模块。下面利用 lpm_add_sub 宏模块构造一个 3 位二进制加法器/减法器，lpm_add_sub 宏模块的参数设置如表 6-2 所示。

表 6-2　lpm_add_sub 宏模块的参数设置

项目	端口名称	功能描述
输入端口	cin	向最低数据位的进位端口做加法操作，默认值为 0，做减法操作，默认值为 1
	dataa[]	被加数/被减数
	datab[]	加数/减数
	add_sub	信号为高电平，执行 dataa[]+datab[]+cin 操作；信号为低电平，执行 dataa[]-datab[]+cin-1 操作

项目	端口名称	功能描述	
输出端口	result[]	dataa[]+datab[]+cin 或 dataa[]-datab[]+cin−1	
	cout	最高有效位进位和借位标志	cout 和 overflow 不能同时出现，cout 适用于无符号数运算，overflow 适用于带符号数运算
	overflow	计算结果超过计数范围标志	
参数设置	LPM_WIDTH	dataa[]、datab[]和 result[]端口的数据线宽度	
	LPM_DIRECTION	ADD 表示宏模块执行加法功能 SUB 表示宏模块执行减法功能 DEFAULT 表示宏模块默认设置为加法器	
	LPM_REPRESENTATION	指定参与运算的数值是无符号数还是带符号数	

图 6-1 给出了加法器的电路，其中 lpm_add_sub 的参数设置为：

```
LPM_WIDTH=3
LPM_DIRECTION=ADD
LPM_REPRESENTATION=UNSIGNED
cout=used
overflow=unused
```

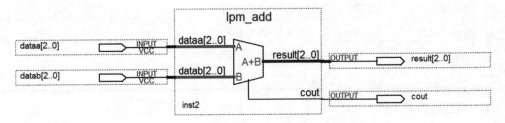

图 6-1　3 位加法器电路

整个加法器电路是非常简单的，只要将输入数据线和输出数据线与 lpm_add 模块的输入、输出端口正确连接，就可以完成 3 位加法器功能。图 6-2 给出了其仿真波形。在数据转换时刻，每一路信号经过的延时都不相同，所以输出信号中会带有一些毛刺，后续电路可以在信号保持时间内重新读取输出数据，以避免毛刺的影响。

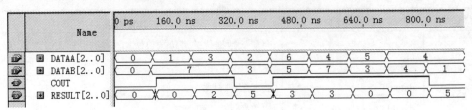

图 6-2　3 位加法器的仿真波形

如果将 lpm_add 的参数设置为：

```
LPM_WIDTH=3
LPM_DIRECTION=SUB
LPM_REPRESENTATION=UNSIGNED
```

```
cout=used
overflow=unused
```

则图 6-1 所示电路就可以做减法运算。3 位减法器电路如图 6-3 所示，图 6-4 给出了 3 位减法器的仿真波形。

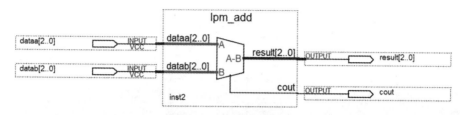

图 6-3　3 位减法器电路

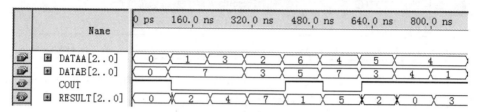

图 6-4　3 位减法器的仿真波形

　　图 6-1 和图 6-3 所示电路都是通过设置 LPM_DIRECTION 参数来定义 lpm_add 模块执行加法运算或减法运算的。如果希望 lpm_add 模块的运算功能可控，能够在不同的时间段内分别执行加法或减法运算，则可以通过 add_sub 端口实现。在将 add_sub 端口设置为有效时，必须关闭 LPM_DIRECTION 参数，否则软件会提示出错信息。

　　add_sub 端口为高电平时，lpm_add 模块执行加法运算；add_sub 端口为低电平时，lpm_add 模块执行减法运算。图 6-5 给出了 3 位可控加/减法器电路。

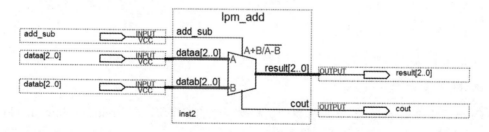

图 6-5　3 位可控加/减法器电路

2．乘法器

　　在数字通信系统和数字信号处理中，乘法器是必不可少的。利用加法器虽然可以构造出乘法器，但使用模块化的通用乘法器可以大大提高系统的效率和性能。下面利用 lpm_mult 宏模块设计一个 4×4 位二进制乘法器。lpm_mult 宏模块的基本逻辑参数如表 6-3 所示。

表 6-3 lpm_mult 宏模块的基本逻辑参数

项目	端口名称	功能描述
输入端口	dataa[]	被乘数
	datab[]	乘数
	sum[]	部分和(可以不使用)
输出端口	result[]	result=dataa[]×datab[]+sum
参数设置	LPM_WIDTHA	dataa[]端口的数据线宽度
	LPM_WIDTHB	datab[]端口的数据线宽度
	LPM_WIDTHP	result[]端口的数据线宽度
	LPM_WIDTHS	sum[]端口的数据线宽度
	LPM_REPRESENTATION	选择实现"带符号数乘法"或"无符号数乘法"

被乘数和乘数可以是无符号数，也可以是带符号数，如二进制补码。图 6-6 为 4×4 位无符号数二进制乘法器电路。

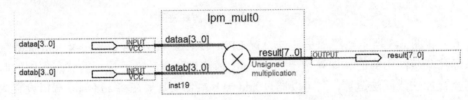

图 6-6 4×4 位无符号数二进制乘法器电路

如果将 lpm_mult 宏模块的参数设置为：

```
LPM_WIDTHA=4
LPM_WIDTHB=4
LPM_REPRESENTATION=SIGNED
```

则 lpm_mult 模块执行两个二进制补码的乘法操作。

3. 除法器

Quartus II 的 megafunction 库提供了两种除法器的宏模块，即 divide 和 lpm_divide，本书推荐使用 lpm_divide 宏模块设计除法器。表 6-4 给出了 lpm_divide 宏模块的基本逻辑参数。

表 6-4 lpm_divide 宏模块的基本逻辑参数

项目	端口名称	功能描述
输入端口	numer[]	被除数
	denom[]	除数
	clock	流水线输入时钟
	clken	流水线输入时钟使能端
	clr	异步清零信号

续表

项目	端口名称	功能描述
输出端口	quotient[]	商输出
	remain[]	余数输出
参数设置	LPM_WIDTHN	numer[]和quotient[]端口的数据线宽度
	LPM_WIDTHD	denom[]和remain[]端口的数据线宽度
	LPM_PIPELINE	指定商和余数输出时需要等待的时钟周期的数目

图6-7给出了8位无符号数除法器电路，其中lpm_divide宏模块的参数设置为：

```
LPM_WIDTHN=8
LPM_WIDTHD=8
LPM_PIPELINE=6
```

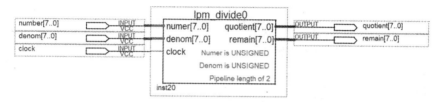

图 6-7 8 位无符号数除法器

在图6-7中，设置LPM_PIPELINE=2，商和余数从第二个时钟周期开始输出。

4．数值比较器

两个二进制数 A 和 B 的大小关系共有 6 种情况，分别是 $A=B$、$A \geqslant B$、$A \leqslant B$、$A > B$、$A < B$ 及 $A \neq B$，数值比较器可以对这 6 种情况做出判断。在信号检测和门限判决电路中经常会用到数值比较器。推荐设计人员使用 lpm_compare 宏模块构造数值比较器，以取代其他类型的数值比较器模块。下面利用 lpm_compare 宏模块构造一个 4 位二进制数值比较器，lpm_compare 宏模块的基本逻辑参数如表 6-5 所示。

表 6-5 lpm_compare 宏模块的基本逻辑参数

项目	端口名称	功能描述
输入端口	dataa[]	与datab[]做比较的数值
	datab[]	与dataa[]做比较的数值
输出端口	alb	在dataa[]<datab[]时，输出高电平
	aeb	在dataa[]=datab[]时，输出高电平
	agb	在dataa[]>datab[]时，输出高电平
	ageb	在dataa[]≥datab[]时，输出高电平
	aneb	在dataa[]≠datab[]时，输出高电平
	aleb	在dataa[]≤datab[]时，输出高电平
参数设置	LPM_WIDTH	dataa[]和datab[]端口的数据线宽度
	LPM_REPRESENTATION	"无符号数比较"和"带符号数比较"功能选择，默认值为"无符号数比较"

图 6-8 为利用 lpm_compare 宏模块设计的 4 位无符号二进制数比较器电路。其中 lpm_compare 的参数设置为：

```
LPM_WIDTH=4
LPM_REPRESENTATION=UNSIGNED
```

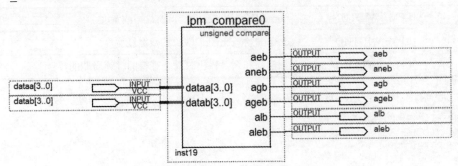

图 6-8　4 位无符号二进制数比较器电路

如果将 lpm_compare 的参数设置为：

```
LPM_WIDTH=4
LPM_REPRESENTATION=SIGNED
```

则可构成 4 位二进制补码比较器电路。

6.1.2　逻辑门库

megafunction 库提供的逻辑门库目录如表 6-6 所示。

表 6-6　逻辑门宏模块目录

序号	宏模块名称	功能描述
1	lpm_and	参数化与门宏模块
2	lpm_bustri	参数化三态缓冲器
3	lpm_clshift	参数化组合逻辑移位器或桶形移位器宏模块(推荐使用)
4	lpm_constant	参数化常量产生器宏模块
5	lpm_decode	参数化译码器宏模块(数据位宽不大于 8 时推荐使用)
6	lpm_inv	参数化反相器(非门)宏模块
7	lpm_mux	参数化多路复用器宏模块(推荐使用)
8	lpm_or	参数化或门宏模块
9	lpm_xor	参数化异或门宏模块

图 6-9 为用 lpm_decode 宏模块设计的 3 线-8 线译码器电路，在原理图输入时，当选定 lpm_decode 模块后，系统会提示设计人员设置模块的参数。

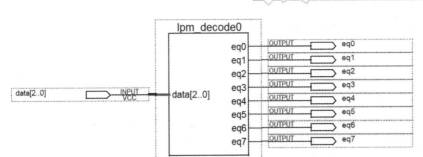

图 6-9 3 线-8 线译码器电路

图 6-10 为用 lpm_mux 宏模块设计的 8 路 3 位数据选择电路，在原理图输入时，当选定 lpm_mux 模块后，系统会提示设计人员设置模块的参数。lpm_mux 模块的逻辑参数如表 6-7 所示。

表 6-7 lpm_mux 宏模块的逻辑参数

项　目	端口名称	功能描述
输入端口	data[]	数据流输入端口
	sel[]	输出控制线，用于选择输出某一路数据流
输出端口	result[]	数据输出
参数设置	LPM_WIDTH	data[]端口和 result[]端口数据线宽度
	LPM_WIDTHS	sel[]端口控制线宽度
	LPM_SIZE	输入数据流的数目，它等于 2^{LPM_WIDTHS}

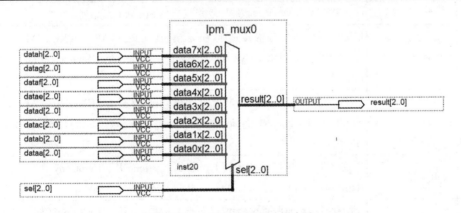

图 6-10 8 路 3 位数据选择电路

8 路 3 位数据选择电路将并行输入的 8 路数据在 sel 信号的控制下选择某一路输入作为输出，每路数据线宽度为 3，输入数据有 8 路，所以 lpm_mux 模块的参数设置如下：

```
LPM_WIDTH=3
LPM_WIDTHS=3
```

其中，a 路输入数据 dataa[2..0]占用 data0x[2..0]端口，b 路输入数据 datab[2..0]占用 data1x[2..0]端口，c 路输入数据 datac[2..0]占用 data2x[2..0]端口，依次类推。

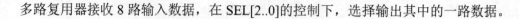

多路复用器接收 8 路输入数据，在 SEL[2..0]的控制下，选择输出其中的一路数据。

6.1.3 I/O 模块库

megafunction 库提供的参数化 I/O 模块主要包括时钟控制宏模块、参数化锁相环(PLL)宏模块、双数据速率(DDR)输入输出宏模块、LVDS(低电压差分信号)收/发射机宏模块等，表 6-8 详细列出了该库所有宏模块的名称和功能描述。

表 6-8 I/O 模块目录

序号	宏模块名称	功能描述
1	altasmi_parallel	主动串行存储器并行接口宏模块(仅支持 Cyclone、Cyclone I 和 Stratix II 系列)
2	altclkctrl	时钟控制宏模块(仅支持 Cyclone II、HardCopy III 和 StratixIII(系列)
3	altddio_bidir	双数据速率(DDR)双向宏模块(仅支持 APEX II、Cyclone、Cyclone II、HardCopy II、HardCapyStratix、Mercuy、Stratix、Stratix II 和 StratixGx 系列)
4	altddio_in	双数据速率(DDR)输入宏模块(仅支持 APEX II、Cyclone、Cyclone II、HardCopy II、HardCopySratix、Mercury、Stratix、Stratix II 和 Stratix Gx 系列)
5	altddio_out	双数据速率(DDR)输出/入宏模块(仅支持 APEX II、Cyclone、Cyclone II、HardCopy II、HardCapyStratix、Mercury、Stratix、Stratix II 和 Stratix GX 系列)
6	altdq	数据选通宏模块(仅支持 Cyclone II、HardCopy II、HardCapyStratix、Stratix、Stratix II 和 Stratix GX 系列)
7	altdqs	参数化双向数据选通宏模块(仅支持 Cyclone II、HardCopy II、HardCopyStratix、Stratix、Stratix II 和 Strafix G 系列)
8	altgxb	G 比特速率无线收/发信机宏模块(仅支持 Stratix GX 系列)
9	altlvds_rx	LVDS(低电压差分信号)接收机宏模块(仅支持 APEX20KC、APEX20KE、APEX II、Excalibur、Cyclone、Cyclone I、Mercury、Stratix、Stratix II 和 StratixGX 系列)
10	altlvds_tx	LVDS(低电压差分信号)发射机宏模块(仅支持 APEX20KC、APEX20KE、APEX II、Excal ibur、Cyclone、Cyclone II、Mercury、Stratix、Stratix II 和 Stratix GX 系列)
11	altpll	参数化锁相环宏模块(仅支持 Cyclone、Cyclone II、HardCopy II、HardCopyStratix、Stratix、Stratix II 和 Stratix GX 系列)
12	altpll_reconfig	参数化锁相环重配置宏模块(仅支持 HardCopy II、HardCopyStratix、Stratix 和 Stratix GX 系列)
13	altremote_up date	参数化远端升级宏模块
14	altstratixii_oct	参数化片内终端(OCT)宏模块
15	altint_osc	振荡器宏模块
16	alt2gxb	G 比特速率无线收/发信机宏模块(仅支持 Stratix II GX 系列)
17	alt2gxb_reconfig	G 比特速率无线收/发信机重配置宏模块

6.1.4 存储模块库

1. 随机存取存储器

随机存取存储器(random access memory，RAM)可以随时在任一指定地址写入或读取数据，它的最大优点是可以方便读/写数据，但存在易失性的缺点，掉电后所存数据便会丢失。

RAM 的应用十分广泛，它是计算机的重要组成部分。在数字信号处理中，RAM 作为数据存储单元也必不可少。QuartusⅡ软件提供了多种 RAM 宏模块，这些宏模块在表 6-9 中列出，有关具体模块参数的设置可以参考该软件提供的帮助信息。

表 6-9　存储模块目录

序号	宏模块名称	功能描述
1	FIFO	参数化 FIFO 宏模块
2	LPM_SHIFTREG	参数化移位寄存器宏模块
3	RAM initializer	可预制的参数化 RAM 宏模块
4	RAM:1-PORT	参数化的单端口 RAM 宏模块
5	RAM:2-PORT	参数化的双端口 RAM 宏模块
6	RAM:3-PORT	参数化的三端口 RAM 宏模块
7	ROM:1-PORT	参数化的单端口 ROM 宏模块
8	ROM:2-PORT	参数化的双端口 ROM 宏模块
9	Shift register(RAM-based)	用 RAM 构建的参数化移位寄存器宏模块

图 6-11 给出了单端口 RAM 的电路图，其中 lpm_ram_dq 宏模块的参数设置为：

```
LPM_WIDTH=8
LPM_Q=8
LMP_NUMWORDS=256
```

数据线和地址线的宽度都是 8 位，RAM 存储容量 LPM_NUMWORDS 为 256B。

由图 6-11 可知，当 wren 为高电平时，在时钟 clock 的上升沿将数据 data[7..0]写入 RAM 地址为 address[7..0]的存储单元中。当需要读出数据时，只需在时钟 clock 的上升沿提供相应的地址即可。

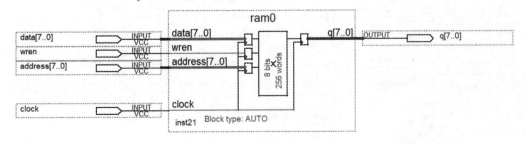

图 6-11　RAM 数据存储器电路

2. 先进先出

先进先出(first in first out，FIFO)是一种特殊功能的存储器，数据以到达 FIFO 输入端口的先后顺序依次存储在存储器中，并以相同的顺序从 FIFO 的输出端口送出，所以 FIFO 内数据的读取和写入只受读/写时钟和读/写请求信号的控制，而不需要读/写地址线。

FIFO 分为同步 FIFO 和异步 FIFO，同步 FIFO 是指数据输入输出的时钟频率相同，异步 FIFO 是指数据输入输出的时钟频率可以不相同。

FIFO 在数字系统中有着十分广泛的应用，可以用作并行数据延迟线、数据缓冲存储器及速率变换器等。Quartus II 软件提供了 FIFO 宏模块，其宏模块的逻辑参数设置如表 6-10 所示。

表 6-10　FIFO 宏模块的基本逻辑参数

项目	端口名称	功能描述
输入端口	data[]	输入数据
	rdclock	同步读取时钟，上升沿触发
	wrclock	同步写入时钟，上升沿触发
	wrreq	写请求控制，wrfull=1 时，写禁止
	rdreq	读请求控制，rdempty=1 时，读禁止
输出端口	q[]	数据输出
参数设置	LPM_WIDTH	dataa[]和 q[]端口的数据线宽度
	LPM_WIDTHU	Rdusedw[]和 wrusedw[]端口宽度
	LPM_NUMWORDS	FIFO 中存储单元的数目
	USE_EAB	选择使用 EAB 或"逻辑单元"实现 FIFO 功能，ON 为使用 EAB，OFF 为使用逻辑单元

图 6-12 所示为使用 FIFO 宏模块构建的电路图，其中 FIFO 宏模块的参数设置如下：

```
LPM_WIDTH=8
LPM_NUMWORDS=1024
USE_EAB=ON
```

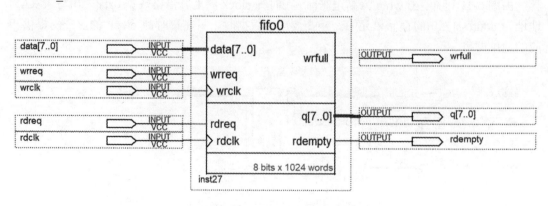

图 6-12　FIFO 存储器电路

数据线宽度是 8 位，FIFO 存储容量为 1024 B。当 wrreq 为高电平时，在写时钟 wrclk 的上升沿允许向 FIFO 写入数据，而在其他时间里，wrreq 保持低电平，禁止向 FIFO 写入数据。

当 rdreq 为高电平时，在读时钟 rdclk 的控制下，数据从 FIFO 的 q[7..0]端口输出。当存储器写满时，FIFO 满信号 wrfull 输出高电平；当存储器读空时，FIFO 空信号 rdempty 输出高电平。

3．只读存储器

只读存储器(read only memory，ROM)是存储器中结构最简单的一种，它的存储信息需要事先写入，在使用时只能读取，不能写入。ROM 具有不挥发性，即在掉电后，ROM 内的信息不会丢失。

利用 FPGA 器件可以实现 ROM 功能，但它并不是真正意义上的 ROM，因为掉电后，包括 ROM 单元在内的 FPGA 器件中所有信息都会丢失，再次工作时需要外部存储器重新配置。

Quartus II 软件提供的参数化 ROM 宏模块有 ROM:1-PORT。表 6-11 给出了 ROM:1-PORT 宏模块的参数设置。

表 6-11　ROM:1-PORT 宏模块的基本逻辑参数

项 目	端口名称	功能描述
输入端口	address[]	读地址
	inclock	输入数据时钟
	outclock	输出数据时钟
	memenab	存储器输出使能端
输出端口	q[]	数据输出
参数设置	LPM_WIDTH	q[]端口的数据线宽度
	LPM_WIDTHAD	address[]端口的地址线宽度
	LPM_FILE	.mif 或.hex 文件名，包含 ROM 的初始化数据

将 ROM 设计成查找表(Look Up Table，LUT)的形式，可以完成各种数值运算、脉冲成形和波形合成等功能。图 6-13 是利用 ROM:1-PORT 宏模块构建的 ROM 存储器，其参数设置如下：

```
LPM_WIDTH=8
LPM_WIDTHAD=10
LPM_FILE=e:\work\rom.mif
```

ROM 存储的数据都放在 rom.mif 文件内，但该文件目前可能并不存在，因此需要初始化 ROM。这里介绍两种初始化 ROM 的方法：一种方法是手工输入，适于数据量不大的情况；另一种方法是利用计算机高级语言初始化 ROM，适于数据量较大的情况。

对于第一种方法，首先新建一个.mif 文件(Memory Initialization File，存储器初始化文件)，输入存储字宽和存储深度后，屏幕上会显示一个表格，在表格中依次输入与地址相对应的数值，最后将文件保存为 e:\work\rom.mif。

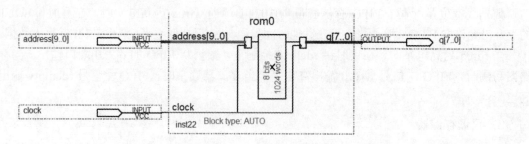

图 6-13 ROM 存储器电路

如果 ROM 存储的数据量很大，手工输入的方法既费时又不可靠，这时利用计算机高级语言可以很容易地解决 ROM 初始化问题。

4．存储器设计中应注意的问题

RAM、FIFO 和 ROM 等存储器在许多电路中是不可或缺的关键部件，特别是在一些需要特殊运算的场合，设计人员通常利用 ROM 构造出各种各样的查找表，以简化电路的设计，提高电路的处理速度和稳定性。

在 FPGA 器件中实现存储器功能，需要占用芯片的存储单元，而这种资源是十分有限的。例如，在 FLEX10K 系列的 FPGA 器件中，存储容量为 6114～20480 bit，EAB 的数目为 3～10 个。在实际情况下，一个存储器至少要占用一个 EAB，因此整个设计中所需要的存储器单元的数目既受存储容量的限制，又受 EAB 数目的限制。如果一个设计中使用了过多的存储单元，设计人员就必须选用更人规模的器件，而此时往往导致大量的逻辑单元未被利用，这无疑会使得成本大大增加，给开发和调试工作带来不利的影响。

6.2　maxplus2 库

6.2.1　时序电路宏模块

1．触发器

触发器是数字电路中的常用器件，在后面介绍的许多电路中，都可以发现触发器的身影。触发器可以组成各种类型的计数器和寄存器。常用的触发器类型主要分为 D 触发器、T 触发器、JK 触发器以及带有各种使能端和控制端的扩展型触发器等。

表 6-12 列出了 Quartus II 的 maxplus2 库提供的触发器宏模块的目录。

表 6-12　触发器宏模块目录

序号	宏模块名称	功能描述
1	74107	带清零端的双 K 触发器
2	74107a	带清零端的双 JK 触发器
3	74107o	带清零端的单 JK 触发器
4	74109	带预置和清零端的双 JK 触发器

续表

序号	宏模块名称	功能描述
5	74109o	带预置和清零端的单 JK 触发器
6	74112	带预置和清零端的双 JK 时钟下降沿触发器
7	74112o	带预置和清零端的单 JK 时钟下降沿触发器
8	74113	带预置端的双 JK 时钟下降沿触发器
9	74113o	带预置端的单 JK 时钟下降沿触发器
10	74114	带异步预置、公共清零和公共时钟端的双 JK 时钟下降沿触发器
11	74171	带清零端的四 D 触发器
12	74172	带三态输出的多端口寄存器
13	74173	4 位 D 型寄存器
14	74174	带公共清零端的六 D 触发器
15	74174b	带公共清零端的六 D 触发器
16	74174m	带公共清零端的六 D 触发器
17	74175	带公共时钟和清零端的四 D 触发器
18	74273	带异步清零端的八 D 触发器
19	74273b	带异步清零端的八 D 触发器
20	74276	带公共预置和清零端的四 JK 触发器寄存器
21	74276o	带公共预置和清零端的单 JK 触发器寄存器
22	74374	带三态输出和输出使能端的八 D 触发器
23	74374b	带三态输出和输出使能端的八 D 触发器
24	74374m	带三态输出和输出使能端的单 D 触发器
25	74374nt	八 D 触发器
26	74376	带公共时钟和公共清零端的四 JK 触发器
27	74377	带使能端的八 D 触发器
28	74377b	带使能端的八 D 触发器
29	74378	带使能端的六 D 触发器
30	74379	带使能端的四 D 触发器
31	74396	8 位存储寄存器
32	74548	带三态输出的 8 位两级流水线寄存器
33	74670	带三态输出的 4×4 位寄存器堆
34	7470	带预置和清零端的与门 JK 触发器
35	7471	带预置端的 JK 触发器
36	7472	带预置和清零端的与门 JK 触发器

序号	宏模块名称	功能描述
37	7473	带清零端的双 JK 触发器
38	7473a	带清零端的双 JK 触发器
39	7473o	带清零端的单 JK 触发器
40	7474	带异步预置和异步清零端的双 D 触发器
41	7476	带异步预置和异步清零端的双 JK 触发器
42	7476a	带异步预置和异步清零端的双 JK 触发器(时钟下降沿有效)
43	7478	带异步预置、公共清零和公共时钟端的双 JK 触发器
44	7478a	带异步预置、公共清零和公共时钟端的双 JK 触发器(时钟下降沿有效)
45	74821	带三态输出的 10 位总线接口触发器
46	74821b	带三态输出的 10 位 D 触发器
47	74822	带三态反相输出的 10 位总线接口触发器
48	74822b	带三态反相输出的 10 位反相输出 D 触发器
49	74823	带三态输出的 9 位总线接口触发器
50	74823b	带三态输出的 9 位 D 触发器
51	74824	带三态反相输出的 9 位总线接口触发器
52	74824b	带三态反相输出的 9 位反相输出 D 触发器
53	74825	带三态输出的 8 位总线接口触发器
54	74825b	带三态输出的八 D 触发器
55	74826	带三态反相输出的 9 位总线接口触发器
56	74826b	带三态反相输出的八 D 触发器
57	8dff	8 位 D 触发器
58	8dffe	带使能端的 8 位 D 触发器
59	dff2	带反相输出的 D 触发器
60	enadff	带使能端的 D 触发器
61	exp dff	用扩展电路实现的 D 触发器
62	jkff2	带反相输出的 JK 触发器
63	jkffre	带反相输出的 JK 触发器
64	udfdl	通用 D 触发器或锁存器
65	ujkff	带预置端的 JK 触发器

2. 锁存器

锁存器主要分为 RS 锁存器、门控 RS 锁存器和 D 锁存器 3 种形式，它的作用就是把某时刻输入信号的状态保存起来。

触发器实际上是一种带有时钟控制的锁存器。锁存器和触发器状态均跟随输入信号的电平值变化,两者不同之处在于锁存器的状态随输入信号实时变化,而触发器的状态要等时钟沿到来时才改变。 锁存器宏模块的目录如表 6-13 所示。

表 6-13 锁存器宏模块目录

序号	宏模块名称	功能描述
1	74116	带清零端的双 4 位锁存器
2	74116o	带清零端的单 4 位锁存器
3	74259	带有清零端、可设定地址的锁存器
4	74278	4 位可级联优先寄存器
5	74279	四 SR 锁存器
6	74279m	双 S 双 R 锁存器
7	74279md	单 SR 锁存器
8	74373	带三态输出的透明八 D 锁存器
9	74373b	带三态输出的透明八 D 锁存器
10	74373m	带三态输出的透明单 D 锁存器
11	74375	4 位双稳态锁存器
12	74549	8 位 2 级流水线锁存器
13	74604	带三态输出的双 8 位锁存器
14	7475	带反相输出的 4 位双稳态锁存器
15	7477	4 位双稳态锁存器
16	74841	带三态输出的 10 位总线接口 D 锁存器
17	74841b	带三态输出的 10 位总线接口 D 锁存器
18	74842	带三态输出的反相输入 10 位总线接口 D 锁存器
19	74842b	带三态输出的 10 位总线接口 D 反相锁存器
20	74843	带三态输出的 9 位总线接口 D 锁存器
21	74844	带三态输出的 9 位总线接口 D 反相锁存器
22	74845	带三态输出的 8 位总线接口 D 锁存器
23	74846	带三态输出的 8 位总线接口 D 反相锁存器
24	74990	8 位透明读回锁存器
25	explat ch	用扩展电路实现的锁存器
26	inpltch	用扩展电路实现的输入锁存器
27	ltch _p_c	带反相输出的锁存器
28	mlatch	MENTOR 锁存器
29	nandltch	用扩展电路实现的/SR 与非门锁存器

序号	宏模块名称	功能描述
30	norlt ch	用扩展电路实现的 SR 或非门锁存器
31	rdlatch	带使能和反相输出的锁存器

3. 计数器

计数器是数字系统中使用最广泛的时序电路，几乎每一个数字系统都离不开计数器。计数器可以对时钟或脉冲信号计数，还可以完成定时、分频、控制和数学运算等功能。根据输入脉冲的引入方式不同，计数器可分为同步计数器和异步计数器；根据从计数过程中数字的增减趋势不同，计数器可分为加法计数器、减法计数器和可逆计数器；根据计数器计数进制的不同，计数器还可分为二进制计数器和非二进制计数器(如二-十进制计数器)。

Quartus II 的 maxplus2 库提供了几十种计数器宏模块，在设计中可以任意调用，表 6-14 列出了这些宏模块的目录。

表 6-14 计数器宏模块目录

序号	宏模块名称	功能描述
1	16cudslr	16 位二进制加/减计数器，带有异步设置的左/右移位寄存器
2	16cudsrb	16 位二进制加/减计数器，带有异步清零和设置的左/右移位寄存器
3	4count	4 位二进制加/减计数器，同步/异步读取，异步清零
4	74143	4 位计数 1 锁存器，带有 7 位输出驱动器
5	74160	4 位十进制计数器，同步读取，异步清零
6	74161	4 位二进制加法计数器，同步读取，异步清零
7	74162	4 位二进制加法计数器，同步读取，同步清零
8	74163	4 位二进制加法计数器，同步读取，同步清零
9	74168	同步 4 位十进制加/减计数器
10	74169	同步 4 位二进制加/减计数器
11	74176	可预置十进制计数器
12	74177	可预置二进制计数器
13	74190	4 位十进制加/减计数器，异步读取
14	74191	4 位二进制加/减计数器，异步读取
15	74192	4 位十进制加/减计数器，异步清零
16	74193	4 位二进制加/减计数器，异步清零
17	74196	可预置十进制计数器
18	74197	可预置二进制计数器
19	74290	十进制计数器

续表

序号	宏模块名称	功能描述
20	74292	可编程分频器/数字定时器
21	74293	二进制计数器
22	74294	可编程分频器/数字定时器
23	74390	双十进制计数器
24	74390o	十进制计数器
25	74393	双 4 位加法计数器，异步清零
26	74393m	4 位加法计数器，异步清零
27	74490	双 4 位十进制计数器
28	74490o	单 4 位十进制计数器
29	74568	十进制加/减计数器，同步读取，同步和异步清零
30	74569	二进制加/减计数器，同步读取，同步和异步清零
31	74590	8 位二进制计数器，带有三态输出寄存器
32	74592	8 位二进制计数器，带有输入寄存器
33	74668	同步十进制加/减计数器
34	74669	同步 4 位二进制加/减计数器
35	7468	双十进制计数器
36	7469	双二进制计数器
37	74690	同步十进制计数器，带有输出寄存器，多重三态输出，异步清零
38	74691	同步二进制计数器，带有输出寄存器，多重三态输出，异步清零
39	74693	同步二进制计数器，带有输出寄存器，多重三态输出，同步清零
40	74696	同步十进制加/减计数器，带有输出寄存器，多重三态输出，异步清零
41	74697	同步二进制加/减计数器，带有输出寄存器，多重三态输出，异步清零
42	74698	同步十进制加/减计数器，带有输出寄存器，多重三态输出，同步清零
43	74699	同步二进制加/减计数器，带有输出寄存器，多重三态输出，同步清零
44	7490	十进制/二进制计数器(不推荐使用)
45	7492	十二进制计数器
46	7493	4 位二进制计数器
47	8count	8 位二进制加/减计数器，同步/异步读取，异步清零
48	gray4	格雷码计数器
49	unicnt	通用 4 位加/减计数器，带有异步设置、读取、清零和级联功能的左/右移位寄存器

4．分频器

对于一个时序电路系统来说，一般只有一个时钟源，各个子系统所需的时钟是由该时钟源经过分频电路和倍频电路得到的。分频电路的设计与实现比倍频电路简单，它可以利用触发器、分频器和计数器等功能模块来实现。

Quartus Ⅱ 的 maxplus2 库提供了 3 种分频器宏模块，表 6-15 列出了这些宏模块的名称和功能，模块参数的设置可以参考 Quartus Ⅱ 软件提供的帮助信息。

表 6-15　分频器宏模块目录

序号	宏模块名称	功能描述
1	7456	双时钟 5、10 分频器
2	7457	双时钟 5、6、10 分频器
3	freqdiv	2、4、8、16 分频器

5. 多路复用器

在多路数据传送过程中，有时需要将多路数据中的任意一路信号挑选出来，完成这种功能的逻辑电路称为多路复用器。多路复用器是一个多输入单输出的逻辑电路，它在地址码(或选择控制信号)的控制下，从几路输入数据中选择一个，并将其送到输出端，其功能类似于一个多掷开关，所以有时也被称为多路数据选择器、多路开关或多路转换器。多路选择器常用于计算机、DSP 中的数据和地址之间的切换以及数字通信中的并/串变换、通道选择等。

Quartus Ⅱ 软件的 maxplus2 库所提供的多路复用器宏模块已在表 6-16 中列出，有关具体模块的参数设置可以参考该软件提供的帮助信息。

表 6-16　多路复用器宏模块目录

序号	宏模块名称	功能描述
1	161mux	16 线-1 线多路复用器
2	21mux	2 线-1 线多路复用器
3	2x8mux	8 位总线的 2 线-1 线多路复用器
4	74151	8 线-1 线多路复用器
5	74151b	8 线-1 线多路复用器
6	74153	双 4 线-1 线多路复用器
7	74153m	单 4 线-1 线多路复用器
8	74153o	单 4 线-1 线多路复用器
9	74157	四 2 线-1 线多路复用器
10	74157m	单 2 线-1 线多路复用器
11	74157o	单 2 线-1 线多路复用器
12	74158	带反相输出的四 2 线-1 线多路复用器
13	74158o	带反相输出的单 2 线-1 线多路复用器
14	74251	带三态输出的 8 线-1 线数据选择器

续表

序号	宏模块名称	功能描述
15	74253	带三态输出的双 4 选 1 数据选择器
16	74257	带三态输出的四 2 选 1 多路复用器
17	74258	带三态反相输出的四 2 选 1 多路复用器
18	74298	带存储功能的四 2 输入多路复用器
19	74352	带反相输出的双 4 线-1 线数据选择器/多路复用器
20	74352o	带反相输出的单 4 线-1 线数据选择器/多路复用器
21	74353	带三态反相输出的双 4 线-1 线数据选择器/多路复用器
22	74354	带三态输出的电平控制 8 线-1 线数据选择器/多路复用器
23	74356	带三态输出的时钟控制 8 线-1 线数据选择器/多路复用器
24	74398	带存储功能的四 2 输入带反相输出的多路复用器
25	74399	带存储功能的四 2 输入多路复用器
26	81mux	8 线-1 线多路复用器

6. 移位寄存器

移位寄存器是具有移位功能的寄存器，常用于数据的串/并变换、并/串变换以及乘法移位操作、周期序列产生等。移位寄存器可分为左移寄存器、右移寄存器、双向寄存器、可预置寄存器及环形寄存器等。其中双向移位寄存器同时具有左移和右移的功能，它是在一般移位寄存器的基础上加上左、右移位控制信号构成的。

表 6-17 列出了 Quartus II 软件的 maxplus2 库提供的移位寄存器宏模块的目录，有关具体模块参数的设置可以参考该软件提供的帮助信息。

表 6-17 移位寄存器宏模块目录

序号	宏模块名称	功能描述
1	74164	串入并出移位寄存器
2	74164b	串入并出移位寄存器
3	74165	并行读入 8 位移位寄存器
4	74165b	并行读入 8 位移位寄存器
5	74166	带时钟禁止端的 8 位移位寄存器
6	74178	4 位移位寄存器
7	74179	带清零端的 4 位移位寄存器
8	74194	带并行读入端的 4 位双向移位寄存器
9	74195	4 位并行移位寄存器
10	74198	8 位双向移位寄存器
11	74199	8 位并行移位寄存器

序号	宏模块名称	功能描述
12	74295	带三态输出端的 4 位右移/左移移位寄存器
13	74299	8 位通用移位/存储寄存器
14	74350	带三态输出端的 4 位移位寄存器
15	74395	带三态输出端的 4 位可级联移位寄存器
16	74589	带输入锁存和三态输出的 8 位移位寄存器
17	74594	带输出锁存的 8 位移位寄存器
18	74595	带输出锁存和三态输出的 8 位移位寄存器
19	74597	带输入寄存器的 8 位移位寄存器
20	74671	带强制清零和三态输出端的 4 位通用移位寄存器/锁存器
21	74672	带同步清零和三态输出端的 4 位通用移位寄存器/锁存器
22	74673	16 位串/并移位寄存器
23	74674	16 位并/串移位寄存器
24	7491	串入串出移位寄存器
25	7494	带异步预置和异步清零端的 4 位移位寄存器
26	7495	4 位并行移位寄存器
27	7496	5 位移位寄存器
28	7499	带 K 串行输入和并行输出端的 4 位移位寄存器
29	barrelst	8 位桶形移位器
30	barrlstb	8 位桶形移位器

6.2.2 运算电路宏模块

1. 逻辑运算模块

maxplus2 库提供的逻辑运算宏模块的名称和功能描述如表 6-18 所示。

表 6-18 逻辑运算器宏模块目录

序号	宏模块名称	功能描述
1	1a2nor2	2 输入与门或非门
2	2a2nor2	2 输入双与门或非门
3	2or2na2	2 输入双或门与非门
4	4a2nor4	输入四与门或非门
5	7400	2 输入与非门
6	7402	2 输入或非门
7	7404	非门

续表

序号	宏模块名称	功能描述
8	7408	2 输入与门
9	7410	3 输入与非门
10	7411	3 输入与门
11	74133	13 输入与非门
12	74134	带三态输出的 12 输入与非门
13	74135	2 输入四异或门/异或门
14	74135o	2 输入双异或门/异或门
15	7420	4 输入与非门
16	7421	4 输入与门
17	7423	带选通的双 4 输入或非门
18	7425	带选通的双 4 输入或非门
19	7425o	带选通的单 4 输入或非门
20	74260	双 5 输入或非门
21	74265	四互补输出元件
22	7427	3 输入或非门
23	7428	2 输入四或非门
24	74297	数字锁相环滤波器
25	7430	8 输入与非门
26	7432	2 输入或门
27	7437	2 输入四与非门
28	74386	四异或门
29	7440	4 输入双与非门
30	7450	2-3/2-2 输入双与门/双或非门
31	7451	3-2/2-2 输入双与门/双或非门
32	7452	2/3/2/2 输入四与门/或门
33	7453	可扩展的 2 输入四与门/或非门
34	7454	2/3/3/2 输入四与门/或非门
35	7455	4 输入双与门/或非门
36	74630	16 位并行差错检测和校正电路
37	74636	8 位并行差错检测和校正电路
38	7464	4/2/3/2 输入四与门或非门
39	7486	异或门

续表

序号	宏模块名称	功能描述
40	7487	4 位二进制原码/互补 IO 单元
41	and5	5 输入与门
42	and7	7 输入与门
43	and9	9 输入与门
44	bands	低电平有效 5 输入与门
45	bnand5	低电平有效 5 输入与非门
46	bnor5	低电平有效 5 输入或非门
47	bnor7	低电平有效 7 输入或非门
48	bnor9	低电平有效 9 输入或非门
49	bor13	低电平有效 13 输入或门
50	bor5	低电平有效 5 输入或门
51	bor7	低电平有效 7 输入或门
52	bor9	低电平有效 9 输入或门
53	dand2	带反相输出的 2 输入与门
54	dand3	带反相输出的 3 输入与门
55	dand4	带反相输出的 4 输入与门
56	dand8	带反相输出的 8 输入与门
57	dor2	带反相输出的 2 输入或门
58	dor3	带反相输出的 3 输入或门
59	dor4	带反相输出的 4 输入或门
60	dor8	带反相输出的 8 输入或门
61	dxor2	带反相输出的 2 输入异或门
62	dxor3	带反相输出的 3 输入异或门
63	dxor4	带反相输出的 4 输入异或门
64	dxor8	带反相输出的 8 输入异或门
65	inhb	选通门
66	nand13	13 输入与非门
67	nand5	5 输入与非门
68	nand7	7 输入与非门
69	nand9	9 输入与非门
70	nor16	16 输入或非门
71	nor5	5 输入或非门

续表

序号	宏模块名称	功能描述
72	or5	5 输入或门
73	tand2	2 输入三态输出与门
74	tand3	3 输入三态输出与门
75	tand4	4 输入三态输出与门
76	tand8	8 输入三态输出与门
77	tbor13	低电平有效 13 输入三态输出或门
78	tnand13	13 输入三态输出与非门
79	tnand2	2 输入三态输出与非门
80	tnand3	3 输入三态输出与非门
81	tnand4	4 输入三态输出与非门
82	tnand8	8 输入三态输出与非门
83	tnor2	2 输入三态输出或非门
84	tnor3	3 输入三态输出或非门
85	tnor4	4 输入三态输出或非门
86	tnor8	8 输入三态输出或非门
87	tor2	2 输入三态输出或门
88	tor3	3 输入三态输出或门
89	tor4	4 输入三态输出或门
90	tor8	8 输入三态输出或门
91	trinot	三态输出非门
92	xnor3	3 输入异或非门
93	xnor4	4 输入异或非门
94	xnor8	8 输入异或非门
95	xor3	3 输入异或门
96	xor4	4 输入异或门
97	xor8	8 输入异或门

2. 加法器和减法器

Quartus Ⅱ 的 maxplus2 库提供的加法器和减法器宏模块的目录如表 6-19 所示，有关具体模块的参数设置可以参考该软件提供的帮助信息。

表 6-19　加法器和减法器宏模块目录

序号	宏模块名称	功能描述
1	74181	算术逻辑单元
2	74182	先行进位发生器
3	74183	双进位存储全加器
4	74183o	单进位存储全加器
5	74283	带快速进位的 4 位全加器
6	74381	算术逻辑单元/函数产生器
7	74382	算术逻辑单元函数产生器
8	74385	带清零端的 4 位加法器 1 减法器
9	7480	门控全加器
10	7482	2 位二进制全加器
11	7483	带快速进位的 4 位二进制全加器
12	8fadd	8 位全加器
13	8faddb	8 位全加器

3. 乘法器

Quartus Ⅱ 的 maxplus2 库所提供的乘法器宏模块如表 6-20 所示，有关具体模块参数的设置可以参考该软件提供的帮助信息。

表 6-20　乘法器宏模块目录

序号	宏模块名称	功能描述
1	74167	同步十进制比率乘法器
2	74261	2 位并行二进制乘法器
3	74284	4×4 位并行二进制乘法器(输出结果的最高 4 位)
4	74285	4×4 位并行二进制乘法器(输出结果的最低 4 位)
5	7497	同步 6 位速率乘法器
6	mult2	2 位带符号数值乘法器
7	mult24	2×4 位并行二进制乘法器
8	mult4	4 位并行二进制乘法器
9	mult4b	4 位并行二进制乘法器
10	tmult4	4×4 位并行二进制乘法器

4. 编码器和译码器

"编码"就是用代码去表示特定的信号。实现编码的电路称为"编码器"，它是多输入、多输出的组合电路。普通编码器在同一时刻只能有一个输入端有信号输入，而优先编码器允许几个输入端同时有信号到来，但各个输入端的优先权不同，输出自动对优先权较高的输入进行编码。这种优先编码器在控制系统中有时是非常需要的。

"译码"是"编码"的相反过程，所谓译码器，就是对给定的码组进行"翻译"，变成相应的状态，使输出通道中相应的一路有信号输出。译码器是多输入多输出的组合逻辑电路，在数字装置中用途比较广泛。译码器除了把二进制代码译成十进制代码外，还经常用于各种数字显示的译码、组合控制信号等。

表 6-21 和表 6-22 分别列出了 Quartus II 的 maxplus2 库提供的编码器和译码器宏模块的目录，有关具体模块参数的设置可以参考该软件提供的帮助信息。

表 6-21　编码器宏模块目录

序号	宏模块名称	功能描述
1	74147	10 线-4 线 BCD 编码器
2	74148	8 线-3 线八进制编码器
3	74348	带三态输出的 8 线-3 线优先权编码器

表 6-22　译码器宏模块目录

序号	宏模块名称	功能描述
1	16dmux	4 位二进制-16 线译码器
2	16ndmux	4 位二进制-16 线反相输出译码器
3	74137	带地址锁存的 3 线-8 线译码器
4	74138	3 线-8 线译码器
5	74139	双 2 线-4 线译码器
6	74139m	单 2 线-4 线译码器
7	74139o	单 2 线-4 线译码器
8	74145	BCD 码-十进制译码器
9	74154	4 线-16 线译码器
10	74155	双 2 线-4 线译码器/多路输出选择器
11	74155o	单 2 线-4 线译码器/多路输出选择器
12	74156	双 2 线-4 线译码器/多路输出选择器
13	74184	BCD-二进制转换器
14	74185	二进制-BCD 转换器

5．奇偶校验器

在数字通信的数据传送过程中，以及计算机的外围设备与主机交换数据过程中，由于受到信道或传输线中各种干扰的影响，接收数据有时会发生一些差错。

采用奇偶校验的方法可以检测数据传输中是否出现差错。这种方法很容易实现，首先在发送端，将发送数据以字为单位产生一个奇偶监督位，无论每个字中包含多少位，奇偶监督位只有一位。这样，在信道中传输的数据包括两个部分：一部分是所要传送的信息码；另一部分是奇偶监督位。常用的奇偶校验法有两种：一种称为"奇校验"，这时数据和奇偶监督位中"1"的总个数为"奇数"；另一种称为"偶校验"，它使信息码和奇偶监督位中"1"的总个数为"偶数"。

在一个数字系统中，必须事先约定好采用哪种奇偶校验法。一般采用奇数校验，因为它避免了全"0"情况的出现。这时，发送端把信息码和奇数监督位一起发送，其中"1"的总个数是奇数。在接收端，收到的数据(包括信息码和奇偶监督位)中"1"的总个数也必须为奇数；否则就说明数据在传输过程中发生了错误。当然，如果有两位数据同时发生错误，采用奇偶校验的方法是不能发现的，这时就需要采用其他的差错校验方法。

表 6-23 列出了 Quartus II 的 maxplus2 库提供的奇偶校验器宏模块的目录，有关具体模块参数的设置可以参考该软件提供的帮助信息。

表 6-23　奇偶校验器宏模块目录

序号	宏模块名称	功能描述
1	74180	9 位奇偶产生器/校验器
2	74180b	9 位奇偶产生器/校验器
3	74280	9 位奇偶产生器/校验器
4	74280b	9 位奇偶产生器/校验器

6.3　primitives 库

6.3.1　存储单元库

primitives 库提供的存储单元的名称和功能描述如表 6-24 所示，其中包括 D 触发器、JK 触发器、T 触发器和锁存器等宏模块。表 6-25 是 JK 触发器的逻辑参数。

表 6-24　存储单元目录

序号	宏模块名称	功能描述
1	dff	D 触发器
2	dffe	带时钟使能的 D 触发器
3	dffea	带时钟使能和异步置数的 D 触发器
4	dffeas	带时钟使能和同步/异步置数的 D 触发器
5	dlatch	带使能端的 D 锁存器
6	jkff	JK 触发器
7	jkffe	带时钟使能的 JK 触发器
8	latch	锁存器
9	srff	SR 触发器

序号	宏模块名称	功能描述
10	srffe	带时钟使能的 SR 触发器
11	tff	T 触发器
12	tffe	带时钟使能的 T 触发器

表 6-25　JK 触发器逻辑参数

输入端口					输出端口
PRN	CLRN	CLK	J	K	Q
L	H	×	×	×	H
H	L	×	×	×	L
L	L	×	×	×	非法
H	H	↑	×	×	保持原状态
H	H	↑	L	L	保持原状态
H	H	↑	H	L	H
H	H	↑	L	H	L
H	H	↑	H	H	翻转

　　T 触发器与 D 触发器类似，只有一个数据输入端和一个时钟输入端。表 6-26 是 T 触发器的逻辑参数。T 触发器与 D 触发器之间最基本的区别在于 D 触发器输出状态完全取决于 D 输入端是高电平还是低电平，而 T 触发器的输出状态并不随 T 输入端电平变化而变化，只有 T 输入是高电平时，在时钟的激励下输出状态才改变一次。也就是说，T 触发器具有二分频能力。

表 6-26　T 触发器逻辑参数

输入 端 口				输出端口
PRN	CLRN	CLK	T	Q
L	H	×	×	H
H	L	×	×	L
L	L	×	×	非法
H	H	↑	L	保持原状态
H	H	↑	H	翻转
H	H	L	×	保持原状态

6.3.2　逻辑门库

　　Quartus II 软件的 primitives 库所提供的逻辑门宏模块，可满足一般逻辑运算的需求。逻辑门宏模块的名称和功能描述如表 6-27 所示。

表 6-27 逻辑门宏模块目录

序号	宏模块名称	功能描述
1	and12	12 输入与门
2	and2	2 输入与门
3	and3	3 输入与门
4	and4	4 输入与门
5	and6	6 输入与门
6	and8	8 输入与门
7	band12	低电平有效 12 输入与门
8	band2	低电平有效 2 输入与门
9	band3	低电平有效 3 输入与门
10	band4	低电平有效 4 输入与门
11	band6	低电平有效 6 输入与门
12	band8	低电平有效 8 输入与门
13	bnand12	低电平有效 12 输入与非门
14	bnand2	低电平有效 2 输入与非门
15	bnand3	低电平有效 3 输入与非门
16	bnand4	低电平有效 4 输入与非门
17	bnand6	低电平有效 6 输入与非门
18	bnand8	低电平有效 8 输入与非门
19	bnor12	低电平有效 12 输入或非门
20	bnor2	低电平有效 2 输入或非门
21	bnor3	低电平有效 3 输入或非门
22	bnor4	低电平有效 4 输入或非门
23	bnor6	低电平有效 6 输入或非门
24	bnor8	低电平有效 8 输入或非门
25	bor12	低电平有效 12 输入或门
26	bor2	低电平有效 2 输入或门
27	bor3	低电平有效 3 输入或门
28	bor4	低电平有效 4 输入或门
29	bor6	低电平有效 6 输入或门
30	bor8	低电平有效 8 输入或门
31	nand12	12 输入与非门
32	nand2	2 输入与非门

续表

序号	宏模块名称	功能描述
33	nand3	3 输入与非门
34	nand4	4 输入与非门
35	nand6	6 输入与非门
36	nand8	8 输入与非门
37	nor12	12 输入或非门
38	nor2	2 输入或非门
39	nor3	3 输入或非门
40	nor4	4 输入或非门
41	nor6	6 输入或非门
42	nor8	8 输入或非门
43	not	非门
44	or12	12 输入或门
45	or2	2 输入或门
46	or3	3 输入或门
47	or4	4 输入或门
48	or6	6 输入或门
49	or8	8 输入或门
50	xnor	2 输入异或非门
51	xor	2 输入异或门

6.3.3 缓冲器库

Quartus II 软件的 primitives 库还提供了各种缓冲器的宏模块，缓冲器宏模块的名称和功能描述如表 6-28 所示。

表 6-28 缓冲器宏模块目录

序号	宏模块名称	功能描述
1	alt_inbuf	输入缓冲器
2	alt_iobuf	输入输出缓冲器
3	alt_outbuf	输出缓冲器
4	alt_outbuf_tri	三态输出缓冲器
5	cany	进位缓冲器(不支持 MAX3000 和 MAX7000 系列)
6	cany_sum	进位缓冲器(不支持 MAX3000 和 MAX7000 系列)
7	cascade	级联缓冲器
8	clklock	参数化锁相环宏模块

续表

序号	宏模块名称	功能描述
9	exp	扩展缓冲器(仅支持 MAX5000、MAX7000 和 MAX9000 系列)
10	global	全局信号缓冲器
11	lcell	逻辑单元分配缓冲器
12	opndrn	开漏缓冲器(仅支持 ACEXIK、FLEX10K、MAX3000A、MAX7000A、MAX7000B、MAX7000AE 和 MAX7000S 系列)
13	row_global	行全局信号缓冲器
14	soft	软缓冲器
15	tri	三态缓冲器
16	wire	线段缓冲器

6.3.4 引脚库

Quartus II 软件的 primitives 库提供了输入、输出等引脚，引脚库的名称和功能描述如表 6-29 所示。

表 6-29　引脚目录

序号	宏模块名称	功能描述
1	bidir	双向端口
2	input	输入端口
3	output	输出端口

6.3.5 其他模块

primitives 库提供的常量、参数、电源、地和工程图明细表等宏模块的名称和功能描述如表 6-30 所示。

表 6-30　其他宏模块目录

序号	宏模块名称	功能描述
1	constant	常量
2	gnd	地
3	param	参数
4	title	工程图明细表
5	title2	含定制信息的工程图明细表
6	vcc	电源

第 7 章

EDA 设计仿真

由于设计的规模越来越大，也越来越复杂，数字设计的验证已经成为一个日益困难和烦琐的任务。验证工程师们依靠一些验证工具和方法应对这个挑战。对于几百万门的大型设计，工程师们一般使用一套形式验证(formal verification)工具。然而对于一些小型的设计，用 Testbench 就可以很好地进行验证。通常 Testbench 用工业标准的 VHDL 或 Verilog HDL 硬件描述语言来编写。Testbench 调用待测功能设计，然后进行仿真。本章主要介绍 Testbench 仿真文件的编写及其在 ModelSim 仿真中的应用。

7.1 仿真的概念

7.1.1 仿真简介

仿真是指在软件环境下验证电路的行为和设计意图是否一致。仿真与验证是一门科学，在逻辑设计领域，仿真与验证是整个设计流程中最重要、最复杂与最耗时的步骤。特别是在 ASIC 设计中，仿真与验证投入的资源与初期逻辑设计的比例为 10∶1。虽然 FPGA/CPLD 设计灵活、可以反复编程，这种灵活性在一定程度上可以弥补仿真与验证的不足。但是对于大型、高速或复杂的系统设计，仿真和验证仍是整个流程中最重要的环节。目前，国内外知名公司仿真验证和逻辑设计人员的配置比例超过 4∶1。

简化的仿真验证系统框图如图 7-1 所示,待测的系统(DUT)和测试模板(Testbench)从同一个测试向量(TestVector)获得激励,通过仿真系统(可以是软件或者硬件环境)运行,然后将 DUT 和 Testbench 的输出结果进行比较,输出并存储判断结果。仿真与验证主要包含 3 个方面的内容:首先是仿真系统组织原则;其次是测试模板和测试向量的设计;最后是仿真工具的使用。

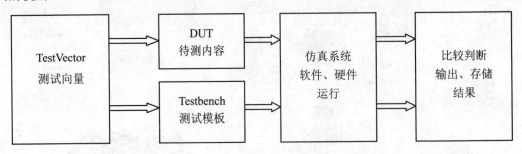

图 7-1　简化的仿真验证系统框图

1. 仿真系统组织原则

仿真系统的组织原则,主要指如何有效地测试目标系统的理论与方法,如目前开发大型、高速或复杂系统中经常采用"V"形开发模式等。简单来说,"V"形开发模式就是在系统规划初期就制定一系列完善的设计规范,开发小组和仿真验证小组分别以这个设计规范为基础,独立开展工作,在某些时间和流程节点两个小组进行交流,通过仿真模型验证设计原型以达到对设计规范的不断完善,这种开发流程的测试覆盖率最高,设计出的系统也最可靠。

2. 测试模板和测试向量的设计

测试模板和测试向量的设计关键是要确保以最高的效率达到最高的测试覆盖率,有些系统甚至要求百分之百的覆盖率。Testbench 涉及的问题非常广,如对目标系统覆盖的算法、代码的编程风格与设计方法、软件的执行效率等。这里要注意以下几个问题。

(1) 一般来说,Testbench 应当用行为级(behavior level)描述,不要用寄存器传输级(RTL level)描述。RTL 是可综合的描述硬件结构与寄存器逻辑关系的 HDL 语言层次,如果用 RTL 级描述 Testbench,其复杂度相当于重新设计一个硬件系统。而行为级的描述方式简练、高效得多,特别是在软件仿真系统中,行为级代码的执行效率一般比 RTL 级高很多。有一个例外,即目前出现的硬件仿真加速系统,为了达到最高的仿真速度,其 Testbench 用 RTL 级描述,然后综合、布线布局并编程到仿真加速板中。通过适当设计,硬件电路的运行速度远比软件仿真系统快得多,所以使用硬件仿真环境可以达到仿真加速的目的。

(2) 写 TestVector 是一个非常好的习惯,虽然简单系统可以直接在 Testbench 中列写数据,然而将所有激励组成测试向量可以有效地提高仿真效率和 Testbench 的阅读与维护。

(3) Testbench 应该包含对仿真结果的存储与检查部分。很多初学者习惯在图形窗口对比波形,这种方法直观、简易,但仅适用于简单系统。对于相对复杂的系统,如果仍用肉眼观察波形,其准确度和效率都非常低,更好的方法是使用行为级丰富的监控语法和仿真工具扩展的比较与保存数据功能自动进行仿真结果与预期数据的对比。

3. 仿真工具的使用

目前，仿真工具种类繁多，但是在业界最流行、影响力最大的就是 ModelSim 仿真工具。ModelSim 仿真工具在前文已经详细介绍过它的使用方法，本章不再重复。

7.1.2 仿真的切入点

首先回顾一下 FPGA/CPLD 的设计流程。图 7-2 所示为 FPGA/CPLD 的设计流程简图。

仿真分为 3 种，即功能仿真、综合后仿真和布局布线后仿真，分别对应于设计输入后、综合完成后、布局布线完成后等步骤。这些步骤就是仿真的切入点。

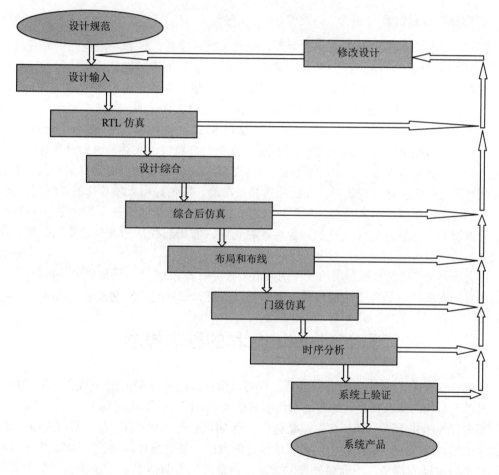

图 7-2 FPGA/CPLD 的设计流程简图

1. 功能仿真

功能仿真的主旨在于验证电路功能是否符合设计要求，其特点是不考虑电路门延时与线延时，考察重点为电路在理想环境下的行为和设计构想是否一致。可综合 FPGA 代码是用 RTL 级代码语言描述的，功能仿真的输入是设计的 RTL 代码与 Testbench(多用 Behavior 级描述)，对应于图 7-2 所示的"RTL 仿真"。功能仿真有时也被称为前仿真。

2. 综合后仿真

综合后仿真的主旨在于验证综合后的电路结构是否与设计意图相符，是否存在歧义综合结果。目前，主流综合工具日益成熟，对于一般性设计，如果设计者确信没有歧义综合发生，则可以省略综合后仿真步骤。如果在布局布线后仿真发现有电路结构与设计意图不符的现象，则常常需要回溯到综合后仿真以确认是不是综合歧义造成的问题。综合后仿真的输入，是从综合得到的一般性逻辑网表抽象出的仿真模型和综合产生的延时文件，综合延时文件仅仅能估算门延时，而不含布线延时信息，所以延时信息并不准确。综合后仿真对应于图 7-2 中所示的"综合后仿真"。

3. 布局布线后仿真

布局布线后仿真是指电路已经映射到特定的工艺环境后，综合考虑电路的路径延时与门延迟的影响，验证电路的行为是否能够在一定时序条件下满足设计构想的过程。布局布线后仿真的主要目的在于验证是否存在时序违规，其输入为从布局布线结果抽象出的门级网表、Testbench 以及扩展名为 SDO 或 SDF 的标准延时文件。对应图 7-2 所示的"门级仿真"这一步骤。SDO 或 SDF 文件即标准延时格式文件(standard delay format timing annotation)，是由 FPGA 厂商提供的其物理硬件源语时序特征的表述，这种时序特征包含元件的最小值、典型值和最大值延时信息。SDO 或 SDF 文件包含的延时信息最全面，不仅包含门延时，还包含实际布线延时，布线后仿真最准确，能较好地反映芯片的实际工作情况。一般来说，布局布线后仿真是必选步骤，通过布局布线后仿真能检查设计时序与 FPGA 实际运行情况是否一致，确保设计的可靠性和稳定性。布局布线后仿真也被称为时序仿真，或简称为后仿真。

以上所述仅仅是仿真最常用的 3 种切入点，其实很多 EDA 工具还提供其他仿真切入点，学习仿真的首要问题是要搞清楚每种不同切入点的仿真的目的、功能和输入输出。

7.2　Testbench 的基本概念

在编写好 VHDL 程序并检查语法后，就可以进行 VHDL 程序的仿真操作。通过仿真验证，可以为后续的综合和后续的布局布线节省更多的时间，从而保证项目的顺利完成。

要进行 VHDL 程序仿真，首先需要选择一个 VHDL 仿真器。仿真器通常需要两个输入，即设计的描述(项目的 VHDL 程序)和驱动设计的激励。有时设计项目的 VHDL 程序本身可能是一个自激励的程序，不需要外部的激励。但是在大多数情况下，设计工程师需要开发出与设计项目的 VHDL 程序相对应的激励程序，这个激励程序就是测试平台文件(Testbench)。

Testbench 是一种验证手段，编写 Testbench 的主要目的是对使用硬件描述语言(HDL)设计的电路进行仿真验证，测试设计电路的功能、部分性能是否与预期的目标相符。

为了对设计项目进行仿真，在完成项目的 VHDL 程序开发后，必须编写其测试平台文件(Testbench)。仿真工具会加载 Testbench 和原项目文件，然后进行编译仿真，从而实现硬件的仿真验证。Testbench 可以是一个简单的 VHDL 程序，它和需要仿真的项目文件的实体对应，并且具有相应的激励信号即可。当然 Testbench 也可以是复杂的 VHDL 程序，它可以从磁盘文件中读取数据，并将测试结果输出到屏幕或者保存到磁盘文件中。

仿真模型设计的基本结构如图 7-3 所示，顶层的描述包括两个元件，即所测试的设计项目(design under test，DUT)元件和激励驱动器。这些元件之间通过设计项目的实体信号连接。仿真模型结构的顶层并不包括任何外部端口，仅仅是连接两个元件的内部信号。

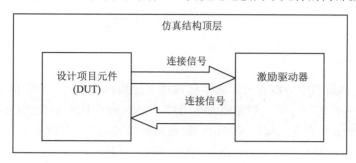

图 7-3　仿真模型的基本结构

7.3　简单 Testbench 的搭建

一个 Testbench 就是一个 VHDL 模型，可以用来验证所设计的硬件模型的正确性。Testbench 为所测试的元件提供了激励信号，仿真结果可以以波形的方式显示或存储测试结果到文件中。激励信号可以直接集成到 Testbench 中，也可以从外部文件加载。可以直接使用 VHDL 语言来编写 Testbench。

7.3.1　Testbench 的基本格式

使用 VHDL 语言编写 Testbench 时，所有基本 VHDL 语法都是适用的，但是 Testbench 与一般的项目设计存在一些区别。一个 Testbench 必须包括与所测试的元件(DUT)相对应的元件声明以及输入到 DUT 的激励描述。一个最基本的 Testbench 包含以下 3 个基本步骤。

(1) 对被测试设计的顶层接口进行例化。

(2) 给被测试设计的输入接口添加激励。

(3) 判断被测试设计的输出响应是否满足设计要求。

下面用程序 7.1 来举例说明 Testbench 的基本结构。

【程序 7.1】测试平台文件(Testbench)的基本结构：

```
library ieee;                       --库的调用
use ieee.std_logic_1164.all;    --程序包的调用
entity test_bench is               --测试平台文件的空实体(不需要端口定义)
end test_bench;
architecture tb_behavior of test_bench is
    component entity_under_test     --被测试元件的声明
        port(
            list-of-ports-their-types-and-modes
            );
        end component;
        local-signal-declarations;       --局部信号的声明
```

```
begin
    dut:entity_under_test port map        --被测单元的端口映射
    (
        port-associations
    );
        process()                         --产生时钟信号
        ...
    end process;
    process()                             --产生激励源
        ...
    end process;
end tb_behavior;
```

从上面的基本结构中可以看出，其中包含几个最基本的语句，即实体的定义、所测试元件的例化、产生时钟信号和产生激励源等语句。Testbench 中的实体定义不需要定义端口，也就是说 Testbench 没有输入输出端口，它只是和被测试元件(DUT)通过内部信号相连接。

下面程序 7.2 即为一个 Testbench 以及它所测试的元件。

【程序 7.2】测试平台文件(Testbench)。时钟周期为 20 ns，在一个时钟波形产生的进程中定义。激励信号波形在另一个进程中产生。实体为一个空实体，没有输入输出信号端：

```
library ieee;
    use ieee.std_logic_1164.all;
use ieee.std_logic_unsigned.all;
    use ieee.numeric_std.all;
    entity counter_tb is                  --测试平台实体
    end counter_tb;
    architecture behavior of counter_tb is
        --被测试元件(DUT)的声明
        component sim_counter
        port(   clk:in std_logic;
            reset:in std_logic;
            count:out std_logic_vector(3 downto 0));
        end component;
        --输入信号
        signal clk: std_logic:= '0';
        signal reset: std_logic:= '0';
        --输出信号
        signal count: std_logic_vector(3 downto 0);
        constant clk_period:time:=20ns;   --时钟周期的定义
    begin
        --被测元件(DUT)的例化
        dut: sim_counter port map
         (clk=>clk,
        reset=>reset,
        count=>count);
        clk_gen:process                   --产生时钟信号
        begin
            clk<='1';
            wait for clk_period/2;
            clk<='0';
            wait for clk_period/2;
        end process;
        tb: process()                     --产生激励源
        begin
            wait for 20ns;
            reset<='1';
```

```
            wait for 20ns;
            reset<='0';
            wait for 200ns;
            wait ;
        end process;
        end;
```

【**程序 7.3**】定义的所测试文件的 VHDL 程序是一个简单的计数程序：

```
library ieee;
use ieee.std_logic_1164.all;
use ieee.std_logic_arith.all;
use ieee.std_logic_unsigned.all;
entity sim_counter is
    port(clk :in std_logic;
        reset:in std_logic;
        count:out std_logic_vector(3 downto 0));
end sim_counter;
architecture behave of sim_counter is
signal temp: std_logic_vector(3 downto 0);
begin
        process(clk,reset)
        begin
            if (reset='1') then
                temp<="0000";
            elsif (clk'event and clk = '1') then
                temp<= temp +1;
            end if;
        end process;
        count <= temp;
    end behave;
```

7.3.2 自动生成 Testbench 模板

如果自己不想写这些 Testbench 的固定格式，可以在 Quartus II 软件里自动生成 Testbench 文件的模板，然后往里面添加激励信号即可。具体步骤如下。

(1) 在 Quartus II 软件中设置 EDA 仿真工具。打开 Quartus II 软件，选择 Assignments→ Settings 菜单命令，在 Settings 对话框中选择左侧 EDA Tool Settings 下的 Simulation 选项，如图 7-4 所示。

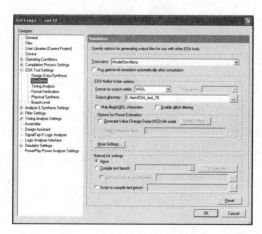

图 7-4 设置 EDA 仿真工具

在 Tool name 下拉列表框中选择 ModclSim-Altera 选项，在 Format for output netlist 下拉列表框中选择 VHDL 选项，在 Output directory 中选择该输出模板文件的路径。

(2) 自动生成 Testbench 模板。选择 Processing→Start→Start Test Bench Template Writer 菜单命令，可自动生成一个后缀为.vht 的 Testbench 模板。

【程序 7.4】一个 D 触发器自动生成的 Testbench 模板：

```
-- Copyright (C) 1991-2007 Altera Corporation
    -- Your use of Altera Corporation's design tools, logic functions
    -- and other software and tools, and its AMPP partner logic
    -- functions, and any output files from any of the foregoing
    -- (including device programming or simulation files), and any
    -- associated documentation or information are expressly subject
    -- to the terms and conditions of the Altera Program License
    -- Subscription Agreement, Altera MegaCore Function License
    -- Agreement, or other applicable license agreement, including,
    -- without limitation, that your use is for the sole purpose of
    -- programming logic devices manufactured by Altera and sold by
    -- Altera or its authorized distributors.  Please refer to the
    -- applicable agreement for further details.
    -- *******************************************************************
-- This file contains a Vhdl test bench template that is freely editable to
-- suit user's needs .Comments are provided in each section to help the user
-- fill out necessary details.
-- *******************************************************************
-- Generated on "02/05/2018 16:54:58"
-- Vhdl Test Bench template for design  : basic_ dff
-- Simulation tool : ModelSim-Altera (VHDL)
LIBRARY ieee;
USE ieee.std_logic_1164.all;
ENTITY basic_ dff _vhd_tst IS
END basic_ dff _vhd_tst;
ARCHITECTURE basic_ dff _arch OF basic_ dff _vhd_tst IS
-- constants
-- signals
SIGNAL clk : STD_LOGIC;
SIGNAL d : STD_LOGIC;
SIGNAL q : STD_LOGIC;
COMPONENT dff
    PORT (
        clk : IN STD_LOGIC;
        d : IN STD_LOGIC;
        q : OUT STD_LOGIC);
    END COMPONENT;
BEGIN
    i1 : cnt
    PORT MAP (
    -- list connections between master ports and signals
    clk => clk,
    d => d,
    q => q);
init : PROCESS
-- variable declarations
BEGIN
  -- code that executes only once
WAIT;
```

```
END PROCESS init;
always : PROCESS
-- optional sensitivity list
-- (        )
-- variable declarations
BEGIN
  -- code executes for every event on sensitivity list
WAIT;
END PROCESS always;
END cnt_arch;
```

7.3.3 激励信号的产生

有两种方式可产生激励信号：一种是以一定的离散事件间隔产生激励信号的波形；另一种是基于实体的状态产生激励信号，也就是说，基于实体的输出响应产生激励信号。

在测试平台文件(testbench)中有两种常用的激励信号：一种是周期性的激励信号，其波形是周期性变化的；另一种是时序变化的，如复位信号及其他输入信号。下面用实例来讲述激励信号的产生。

1. 时钟信号

一个周期性的激励信号可以使用一个并行的信号赋值语句来建立。例如，下面的语句即建立周期为 40 ns 的信号，其波形如图 7-5 所示。

```
A<=not A after 20 ns;    --产生一个周期为 40 ns 的信号 A
```

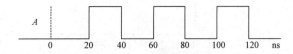

图 7-5 周期性的信号波形

时钟信号是同步设计中最重要的信号之一，它既可以使用并行的信号赋值语句产生(如上面的语句)，也可以使用时钟产生的进程来实现定义。当使用并行的信号赋值语句时，产生的时钟信号可以是对称的或不对称的，但是信号的初始值不能为'u'，它的初始值必须是明确声明的('1'或'0')；如果使用进程来定义时钟信号，也可以产生各种时钟信号，包括对称的时钟信号和不对称的时钟信号。

在大多数情况下，时钟信号是一直运行的，并且是对称的。当定义不对称的时钟信号时，如果使用并行信号赋值语句，则需要使用条件信号赋值语句；如果使用进程则比较简单，使用顺序逻辑即可。例如，下面的语句使用了条件信号赋值语句，定义了一个 25%占空比的时钟信号：

```
W_clk<='0' after period/4 when w_clk='1' else
       '1' after 3*period/4 when w_clk='0' else '0';
```

上述两个时钟信号，即对称的和不对称的时钟信号，也可以使用进程来定义。下面的语句即可以分别实现上述的并行语句所定义的时钟信号。

【程序 7.5】产生对称的时钟信号，周期为 40 ns。

```
clk_gen1:process
constant clockperiod: TIME:=40ns;  --声明时钟周期常量,时钟周期为 40 ns
```

```
begin
    clk<='1';
    wait for clockperiod /2;
    clk<='0';
    wait for clockperiod /2;
end process;
```

【程序 7.6】产生非对称的时钟信号，周期为 40 ns，占空比为 25%。

```
clk_gen2:process
constant clockperiod: TIME:=40 ns;   --声明时钟周期常量,时钟周期为 40 ns
begin
    clk<='1';
    wait for clockperiod /4;
    clk<='0';
    wait for 3*clockperiod /4;
end process;
```

2. 复位信号

在仿真开始时，通常需要使用复位信号对系统进行复位，以便初始化系统。通常复位信号可以以并行赋值语句来实现，也可以在进程中设定。例如，下面的复位信号的设置：仿真开始时，复位信号为'0'；经过 20 ns 后，复位信号变为'1'；再经过 20 ns 后，复位信号变为'0'，其波形如图 7-6 所示。

```
RESET<='0', '1' after 20 ns, '0' after 40 ns;
```

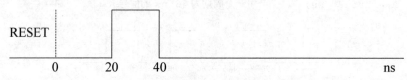

图 7-6　复位信号波形

再看另一个复位信号设置实例。例如，下面的代码，RESET 信号初始为'0'；经过 100 ns 后变为'1'；再经过 80 ns 后，该信号变为'0'；再经过 30 ns，该信号返回到'1'。其波形如图 7-7 所示。

```
RESET<='0', '1' after 100 ns, '0' after 180 ns, '1' after 210 ns;
```

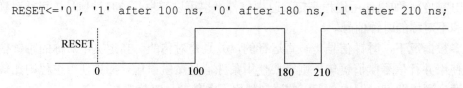

图 7-7　复位信号波形

复位信号也可以在进程中进行设定。

【程序 7.7】复位信号产生实例。

```
signal reset:std_logic;
tb:process
begin
    wait for 200 ns;
    reset<='1';
    wait for 200 ns;
    reset<='0';
```

```
        wait for 200 ns;
        wait;
end process;
```

3. 周期性的信号

在进程中可以使用信号赋值语句实现周期性信号的设置。例如，下面的实例代码，定义了两个周期性信号，为了实现信号的周期性变化，后面使用一个 WAIT 语句。其波形如图 7-8 所示。

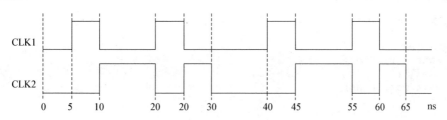

图 7-8 两个周期性的信号波形

【程序 7.8】两个周期性的信号波形产生的实例。

```
signal clk1,clk2:std_logic:= '0';
process
begin
    clk1<='1' after 5ns, '0' after 10ns, '1' after 20ns, '0' after 25ns;
    clk2<='1' after 10ns, '0' after 20ns, '1' after 25ns, '0' after 30ns;
    wait for 35ns;
end process;
```

4. 使用延迟 DELAYED

使用预定义属性 DELAYED 关键词来产生信号。比如已经产生了一个时钟信号，在这个时钟信号的基础上，可以使用 DELAYED 使已产生的时钟信号延迟一定的时间，从而获得另一个时钟信号。

例如，已经使用以下的语句定义了一个时钟信号 W_CLK：

```
W_CLK<='1' after 30ns when W_CLK ='0' else '0' after 20ns;
```

然后可以使用以下的延迟语句获得一个新的时钟信号 DLY_W_CLK，它比 W_CLK 延迟了 10ns。这两个时钟信号波形如图 7-9 所示。

```
DLY_W_CLK<= W_CLK' DELAYED(10ns);
```

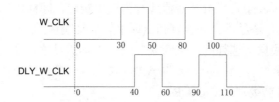

图 7-9 使用延迟定义的时钟信号波形

5. 一般的激励信号

普通的激励信号用作模型的输入信号。一般的激励信号通常在进程中定义。通常都可以使用 WAIT 语句来定义一般的激励信号。一般激励信号的波形如图 7-10 所示。

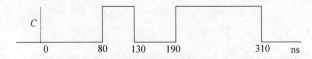

图 7-10   一般激励信号的波形

【程序 7.9】一般激励信号波形产生的实例。

```
signal C:std_logic:= '0';
process
begin
    wait for 80 ns;
    C<='1';
    wait for 50 ns;
    C<='0';
    wait for 60 ns;
   C<='1';
  wait for 120 ns;
  C<='0';
    wait;
end process;
```

6. 动态激励信号

动态激励信号就是与被仿真实体(DUT)的行为模型相关,即 DUT 的输入激励信号受模型的行为所影响。比如,下面的信号定义,模型的输入信号 Sig_A 和模型输出信号 Count 相关。

【程序 7.10】动态激励信号产生波形实例。

```
process(Count)
begin
    case Count is
        when 2 =>Sig_A<='1' after 10ns;
    when others =>Sig_A<='0' after 10ns;
    end case;
end process;
```

7.3.4   仿真响应

在仿真时,如果对执行的仿真没有任何控制,则仿真会一直持续到时间等于设定的仿真时间。如果想在某个时间终止仿真,则可以使用断言语句 ASSERT 来实现。另外,当对 VHDL 模型进行仿真时,如果想对某些值或行为做出响应,同样可以使用断言语句来实现。

断言语句 ASSERT 是最适合在执行仿真时进行自动响应的。一个断言语句可以检查一个条件并报告信息。根据所选择的严重级别和仿真工具的设置,在 ASSERT 语句报告了信息后,仿真可以继续执行(警告级别 WARNING)或者停止(错误 ERROR 和致命错误 FAILURE),默认的严重级别为 ERROR。

下面的实例语句为一个简单断言语句在仿真时的应用,它判断了仿真的时间,如果当前时间为 1000ns,则仿真完成,使用 ERROR 严重级别终止仿真过程。

【程序 7.11】断言语句在仿真中的实例。

```
process
```

```
begin
    ASSERT(NOW<=1000ns)
        REPORT "Simulation completed successfully"
        SEVERITY ERROR;
    end process;
```

可以使用 ASSERT 语句设定一个判断条件，以便对仿真的某个结果或值做出响应。断言语句判断条件时，如果条件的判断结果为 FALSE，则执行后面的报告以及严重级语句；否则仿真会忽略后面的报告和严重级语句并继续执行。

7.3.5 自动验证

推荐自动实现测试结果的验证，尤其是对于较大的设计。自动化减少了检查设计是否正确所要求的时间，也使人为犯错最少。一般有以下几种常用的自动测试验证的方法。

(1) 数据库比较(database comparison)。首先，要创建一个包含预期输出的数据库文件。其次，仿真输出被捕获并与预期输出数据库文件中参考的向量比较。然而，没有提供从输出到输入文件指针，使得很难跟踪一个导致错误输出的来源。

(2) 波形比较(waveform comparison)。波形比较可以自动或手动运行。自动的方法是使用一个 Testbench 比较器来比较预期输出波形与测试输出波形。

(3) 自我检查测试平台(Self-checking testbenches)。自我检查(testbench)预期的结果与运行时的实际结果。因为有用的错误跟踪信息可以内建在一个测试设计中，用来说明哪些地方设计有误，这样调试可以非常明显地缩短时间。

7.3.6 自我检查

自我检查通过在一个测试文档中放置一系列的预期相量表来实现。运行时按定义好的时间间隔将这些向量与实际仿真结果进行比较。如果实际结果与预期结果匹配，则仿真成功。如果结果不匹配，则报告两者的差异。

对于同步设计，实现 Testbench 会更简单些，因为与实现的结果相比较，可以在时钟沿或每 n 个时钟周期后进行。比较的方法基于设计本身的特性。比如，一个存储器读/写的 Testbench 在每次数据写入或者读出时进行检查。

在 Testbench 中，预期输出与实际输出在一定的时间间隔进行比较，以便提供自动的错误检查。这个技术在小型、中型的设计中非常适用。但是当设计复杂后，可能的输出组合呈指数式增长，为一个大型设计编写一个 Testbench 是非常困难和非常费时的。

7.3.7 编写 Testbench 的准则

正如规划一个电路设计可以帮助得到更好的电路性能，规划好的 Testbench 也可以提高仿真验证的效率。以下是一些编写 Testbench 的准则。

1. 在编写 Testbench 前要了解仿真器

虽然通用仿真工具兼容 HDL 工业标准，但标准并没有重点强调与仿真相关的一些主题。不同的仿真器有不同的特点、功能和执行效率。

(1) 基于事件 VS 基于周期的仿真。仿真器使用基于事件或基于周期的仿真方法。基于事件的仿真器，是输入信号或是门改变值来确定仿真器事件的时间。在基于事件的仿真器中，一个延时值可以附加在门电路或是电路网络上来构建最合适的时间仿真。基于周期的仿真器面向同步设计。它们最优化组合逻辑，在时钟周期内分析结果。这个功能使得基于周期的仿真器比基于事件的仿真器更快、更有效。然而，由于基于周期的仿真器不允许详细的时间说明，它们并不如基于事件的仿真器准确。

(2) 基于事件的仿真器提供商使用不同的运算法则来确定仿真事件。根据仿真器用来确定的运算法则不同，同一个仿真时间的事件被确定为不同的次序(根据在每个事件之间插入的 delta 延时)。为避免对运算法则的依赖和确保正确的结果，一个事件驱动测试应该详细描述明确的激励次序。

2. 避免使用无限循环

当一个事件添加到基于事件的仿真器时，CPU 和内存的占用率就大大增加了，仿真过程就会变慢。除非对 Testbench 非常关键；否则无限循环不应该用作设计的激励。一般地，只有时钟被描述成一个无限循环，如 forever 循环。

3. 拆分激励到逻辑模块

在测试中，所有进程块(VHDL)并行执行。如果无关的激励被分离到独立的块中，测试激励的顺序会变得更容易实现和检查。因为每个并行的块从仿真时间的零点开始执行，对于分离的块传递激励更容易。分离激励块使 Testbench 的建立、维护和升级更加容易。

4. 避免显示并不重要的数据

大型设计的测试可能包含 10 万以上的事件或匿名信号。显示大量的仿真数据会很大程度上降低仿真速度。

7.4 应用 ModelSim 软件仿真实例

在实际仿真中，需要一个仿真器来实现 VHDL 设计仿真。Mentor 公司的 ModelSim 是业界最优秀的 HDL 语言仿真软件之一。它能提供友好的仿真环境，是业界唯一的单内核支持 VHDL 和 Verilog HDL 混合仿真的仿真器。它采用直接优化的编译技术、TCI/TK 技术和单一内核仿真技术，编译仿真速度快，编译的代码与平台无关，便于保护 IP 核，个性化的图形界面和用户接口，为用户加快调试提供强有力的手段，是 FPGA/ASIC 设计的首选仿真软件。接下来用一个例子来介绍以 ModelSim 10.2 为仿真工具的 VHDL 的仿真操作。

【程序 7.12】被测试 DUT 为带使能端的同步复位十进制计数器。

```
Library ieee;
use ieee.std_logic_1164.all;
use ieee.std_logic_arith.all;
use ieee.std_logic_unsigned.all;
entity cnt10 is
port
      (clr,en,clk :in std_logic;
      q:out  std_logic_vector(3 downto 0));
end cnt10;
architecture behave of cnt10 is
```

```
signal tmp :std_logic_vector(3 downto 0);
begin
     process(clk)
   begin
     if(clk'event and clk='1') then
        if(clr='0')then
             tmp<="0000";
             elsif(en='1') then
              if(tmp="1001")then
                       tmp<="0000";
             else
                      tmp<=tmp+'1';
             end if;
             end if;
       end if;
     end process;
     q<=tmp;
end behave;
```

【程序 7.13】 Testbench 文件。

```
library ieee;
use ieee.std_logic_1164.all;
entity cnt10_tb is
end cnt10_tb;
architecture behave of cnt10_tb is
     component cnt10
        port( clr,en,clk :in std_logic;
             q:out std_logic_vector(3 downto 0));
        end component;
  signal clr :std_logic:='0';
  signal en :std_logic:='0';
  signal clk :std_logic:='0';
  signal q :std_logic_vector(3 downto 0);
  constant clk_period :time :=100ns;
  begin
    instant:cnt10 port map
         ( clk=>clk, en=>en,clr=>clr,q=>q);
  clk_gen:process
  begin
   wait for clk_period/2;
   clk<='1';
   wait for clk_period/2;
   clk<='0';
  end process;
  clr_gen:process
  begin
   clr<='0';
   wait for 120 ns;
   clr<='1';
   wait;
  end process;
 en_gen:process
 begin
   en<='0';
   wait for 70ns;
   en<='1';
   wait;
  end process;
 end behave;
```

仿真软件 ModelSim 10.2 的安装和使用方法参见第 2 章，这里不再赘述。具体的仿真操作步骤如下。

(1) 新建仿真库。执行仿真前先建立一个单独的文件夹 simulation。启动 ModelSim 10.2 将当前路径修改到 simulation 文件夹下，并新建仿真库 work。

(2) 编译源文件和仿真文件。将 VHDL 设计源文件和 Testbench 测试文件编译到仿真库 work 中。

(3) 执行仿真。选择 Simulation→Start Simulation 菜单命令，弹出 Start Simulation 对话框，如图 7-11 所示。切换到 Design 选项卡，选择 work 库下的 Testbench 文件(此例中为 cnt10_tb.vhd)，然后单击 OK 按钮。

图 7-11　Start Simulation 对话框

在 Workspace 里弹出一个 Sim 标签。右击 cnt10_tb.vhd，选择 Add Wave 菜单命令，弹出图 7-12 所示的 Wave 窗口。默认仿真时间为 100 ns，修改仿真时间为 5000 ns，单击 Run 按钮，执行仿真，仿真波形结果如图 7-13 所示。

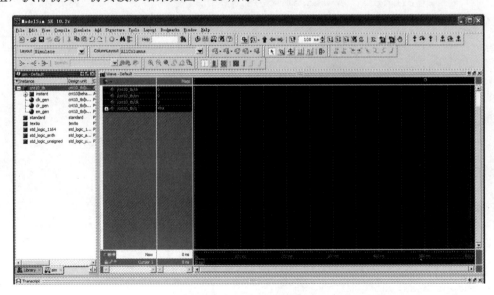

图 7-12　Wave 窗口

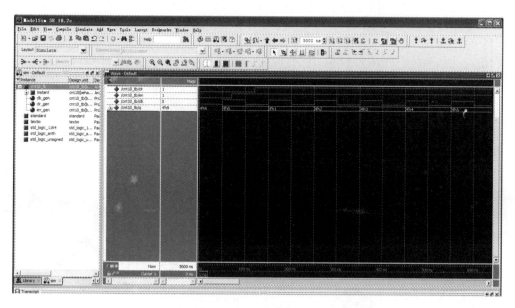

图 7-13 仿真波形结果

从图 7-13 中可以看出，时钟信号 clk 的周期为 100 ns，clr 信号和 en 信号的起始值均为 '0'；clr 信号在 120 ns 后一直为'1'；en 信号在 70 ns 后一直为'1'。输出 q 在时钟上升沿开始计数，计满 9 后又从 0 开始计数。仿真结果满足设计要求。

第 8 章

EDA 设计综合实例

8.1　基于 VHDL 格雷码编码器的设计

8.1.1　实验目的

(1)　了解格雷(Gray)码变换的原理。

(2)　进一步熟悉Quartus Ⅱ软件的使用方法和VHDL 输入的全过程。

(3)　进一步掌握实验系统的使用。

8.1.2　实验原理

格雷码是一种可靠性编码，在数字系统中有着广泛的应用。其特点是任意两个相邻的代码中仅有一位二进制数不同，因而在数码的递增和递减运算过程中不易出现差错。但是格雷码是一种无权码，要想正确而简单地和二进制码进行转换，必须找出其规律。

根据组合逻辑电路的分析方法，先列出其真值表再通过卡诺图化简，可以很快地找出格雷码与二进制码之间的逻辑关系。其转换规律为：高位同，从高到低看异同，异出"1"，同出"0"。也就是将二进制码转换成格雷码时，高位是完全相同的，下一位格雷码是"1"还是"0"，完全是相邻两位二进制码的"异"还是"同"来决定。下面举一个简单的例子加以说明。

假如，要把二进制码 10110110 转换成格雷码，则可以通过下面的方法来完成，如图 8-1
所示。

图 8-1 格雷码变换示意图

因此，变换出来的格雷码为 11101101。

8.1.3 实验内容

本实验要求完成的任务是变换 8 位的二进制码到 8 位的
格雷码。实验中用 8 位拨动开关模块的 SW1～SW8 表示 8 位
二进制输入，用 LED 模块的 D1～D8 来表示转换的实验结果
8 位格雷码。实验 LED 亮表示对应的位为 "1"，LED 灭表
示对应的位为 "0"。通过输入不同的值来观察输入结果与实
验原理中的转换规则是否一致。

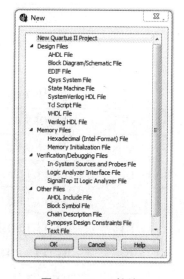

图 8-2 New 对话框

8.1.4 实验步骤

(1) 打开 Quartus Ⅱ 软件，新建一个工程。

(2) 建完工程之后，再新建一个 VHDL File 文件。新建
一个 VHDL 文件的过程如下。

① 选择 Quartus Ⅱ 软件中的 File→New 菜单命令，弹
出 New 对话框，如图 8-2 所示。

② 在 New 对话框中选择 Device Design Files 页下的 VHDL File 菜单命令，单击 OK
按钮，打开 VHDL 编辑器对话框，如图 8-3 所示。

图 8-3 VHDL 编辑窗口

(3) 按照实验原理，在VHDL 编辑窗口编写 VHDL 程序，用户可参照光盘中提供的示例程序。

(4) 编写完VHDL 程序后，保存起来。

(5) 对自己编写的VHDL 程序进行编译，对程序的错误进行修改。

(6) 编译无误后，进行管脚分配，表 8-1 为格雷码编码器的设计端口管脚分配表。分配完成后再进行全编译一次，以使管脚分配生效。

表 8-1　格雷码编码器的设计端口管脚分配表

端口名	使用模块信号	对应FPGA 管脚	说明
SW1	拨动开关K1	PIN_AD15	格雷编码器的数据输入
SW2	拨动开关K2	PIN_AC15	
SW3	拨动开关K3	PIN_AB15	
SW4	拨动开关K4	PIN_AA15	
SW5	拨动开关K5	PIN_Y15	
SW6	拨动开关K6	PIN_AA14	
SW7	拨动开关K7	PIN_AF14	
SW8	拨动开关K8	PIN_AE14	
D1	LED 灯LED1	PIN_N4	格雷编码器的编码输出
D2	LED 灯LED2	PIN_N8	
D3	LED 灯LED3	PIN_M9	
D4	LED 灯LED4	PIN_N3	
D5	LED 灯LED5	PIN_M5	
D6	LED 灯LED6	PIN_M7	
D7	LED 灯LED7	PIN_M3	
D8	LED 灯LED8	PIN_M4	

(7) 利用下载电缆通过 JTAG 口将对应的 .sof 文件加载到 FPGA 中。观察实验结果是否与自己的编程思想一致。

8.1.5　实验现象与结果

以设计的参考示例为例，当设计文件加载到目标器件后，拨动开关，LED 会按照实验原理中的格雷码输入一一对应地亮或者灭。

8.1.6　实验报告

(1) 熟悉Quartus Ⅱ软件。

(2) 将实验原理、设计过程、编译结果、硬件测试结果记录下来。

8.1.7　主程序

```
library ieee;
use ieee.std_logic_1164.all;
use ieee.std_logic_arith.all;
use ieee.std_logic_unsigned.all;
---------------------------------------------------------------
entity gray_test is
  port( K1,K2,K3,K4,K5,K6,K7,K8   : in  std_logic;
      D1,D2,D3,D4,D5,D6,D7,D8   : out std_logic
        );
end gray_test;
---------------------------------------------------------------
architecture behave of gray_test is
  begin
    process(K1,K2,K3,K4,K5,K6,K7,K8)
      begin
        D1<=K1;
        D2<=K1 xor K2;
        D3<=K2 xor K3;
        D4<=K3 xor K4;
        D5<=K4 xor K5;
        D6<=K5 xor K6;
        D7<=K6 xor K7;
        D8<=K7 xor K8;
    end process;

end behave;
```

8.2　基本触发器的设计

8.2.1　实验目的

(1) 了解基本触发器的工作原理。

(2) 熟悉在Quartus Ⅱ 中基于原理图设计的流程。

8.2.2　实验原理

　　基本触发器的电路如图 8-4 所示。它可以由两个与非门交叉耦合组成，也可以由两个或非门交叉耦合组成。现在以两个与非门组成的基本触发器为例，来分析其工作原理。根据与非逻辑关系，可以得到基本触发器的状态转移真值表及简化的真值表，如表 8-2 所示。

　　根据真值表，不难写出其特征方程为：

$$\begin{cases} Q^{n+1} = \overline{S} + \overline{R}Q^n & (8\text{-}1) \\ \overline{S} + \overline{R} = 1 & (8\text{-}2) \end{cases}$$

其中，式(8-2)为约束条件。

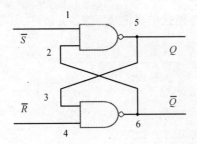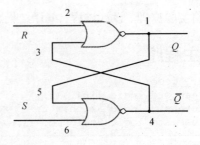

图 8-4 基本触发器电路

表 8-2　基本触发器状态转移真值表和简化真值表

状态转移真值表				简化真值表		
$\bar{R}$	$\bar{S}$	Q^n	Q^{n+1}	$\bar{R}$	$\bar{S}$	Q^{n+1}
0	1	0	0	0	1	0
0	1	1	0	1	0	1
1	0	0	1	1	1	Q^n
1	0	1	1	0	0	不定
1	1	0	0			
1	1	1	1			
0	0	0	不定			
0	0	1	不定			

8.2.3　实验内容

　　本实验的任务就是利用 Quartus II 软件的原理图输入,产生一个基本触发器,触发器的形式可以是与非门结构的,也可以是或非门结构的。实验中用按键模块的 SW1 和 SW2 来分别表示 R 和 S,用 LED 模块的 LED8 和 LED1 分别表示 $\bar{Q}$ 和 Q。在 R 和 S 满足式(8-2)的情况下,观察 $\bar{Q}$ 和 Q 的变化。

8.2.4　实验步骤

　　(1)　打开Quartus II 软件,新建一个工程。

　　(2)　建完工程后再新建一个图形符号输入文件,打开图形符号编辑器对话框。

　　(3)　按照实验原理,在图形符号编辑窗口编写设计程序,用户可参照光盘中提供的示例程序。

　　(4)　设计好电路程序后,保存起来。

　　(5)　对自己编写的设计电路程序进行编译,对程序的错误进行修改。

　　(6)　编译无误后,参照附录进行管脚分配。表 8-3 为基本触发器的设计端口管脚分配表。分配完成后再进行全编译一次,以使管脚分配生效。

表 8-3　基本触发器端口管脚分配表

端口名	使用模块信号	对应 FPGA 管脚	说　明
NR	拨动开关 SW1	PIN_AD15	
NS	拨动开关 SW2	PIN_AC15	
Q	LED 灯 LED8	PIN_M4	
NQ	LED 灯 LED1	PIN_N4	

(7)　利用下载电缆通过 JTAG 口将对应的.sof 文件加载到 FPGA 中。观察实验结果是否与自己的编程思想一致。

8.2.5　实验现象与结果

以设计的参考示例为例,当设计文件加载到目标器件后,拨动相应的开关(即 *R*、*S*),通过LED灯的亮和灭来显示这个触发器的输入结果。将输入和输出与基本触发器状态转移真值表进行比较,看是否一致。

8.2.6　实验报告

(1)　试设计一个其他的功能触发器,如D触发器、JK触发器等。
(2)　将实验原理、设计过程、编译结果、硬件测试结果记录下来。

8.2.7　主程序

程序示意图如图 8-5 所示。

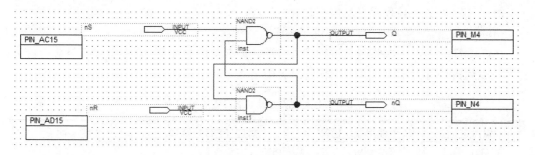

图 8-5　程序示意图

8.3　七人表决器的设计

8.3.1　实验目的

(1)　熟悉 VHDL 的编程。
(2)　熟悉七人表决器的工作原理。
(3)　进一步了解实验系统的硬件结构。

8.3.2　实验原理

所谓表决器就是对于一个行为，由多个人投票，如果同意的票数过半，就认为此行为可行；否则如果否决的票数过半，则认为此行为无效。

七人表决器顾名思义就是由 7 个人来投票，当同意的票数不少于 4 票时，则认为同意；反之，当否决的票数不少于 4 票时，则认为不同意。实验中用 7 个拨动开关来表示 7 个人，当对应的拨动开关输入为"1"时，表示此人同意；否则若拨动开关输入为"0"，则表示此人反对。表决结果用一个 LED 表示，若表决结果为同意，则LED 被点亮；否则，如果表决的结果为反对，则LED 不会被点亮。同时，数码管上显示通过的票数。

8.3.3　实验内容

本实验就是利用实验系统中的拨动开关模块和 LED 模块以及数码管模块来实现一个简单的七人表决器的功能。拨动开关模块中的 K1～K7 表示 7 个人，当拨动开关输入为"1"时，表示对应的人投同意票，否则当拨动开关输入为"0"时，表示对应的人投反对票。LED 模块中 LED1 表示 7 人表决的结果，当 LED1 点亮时，表示此行为通过表决；否则当 LED1 熄灭时，表示此行为未通过表决。同时通过的票数在数码管上显示出来。

8.3.4　实验步骤

(1) 打开Quartus II 软件，新建一个工程。

(2) 建完工程后，再新建一个VHDL 文件，打开VHDL 编辑器对话框。

(3) 按照实验原理，在 VHDL 编辑窗口编写 VHDL 程序，用户可参照光盘中提供的示例程序。

(4) 编写完VHDL 程序后，保存起来。

(5) 对自己编写的VHDL 程序进行编译，对程序的错误进行修改。

(6) 编译无误后，参照附录进行管脚分配。表 8-4 是七人表决器设计端口管脚分配表。分配完成后再进行全编译一次，以使管脚分配生效。

表 8-4　七人表决器设计端口管脚分配表

端口名	使用模块信号	对应 FPGA 管脚	说　明
K1	拨动开关 SW1	PIN_AD15	7 位投票人的表决器
K2	拨动开关 SW2	PIN_AC15	
K3	拨动开关 SW3	PIN_AB15	7 位投票人的表决器
K4	拨动开关 SW4	PIN_AA15	
K5	拨动开关 SW5	PIN_Y15	
K6	拨动开关 SW6	PIN_AA14	
K7	拨动开关 SW7	PIN_AF14	
m_Result	LED 模块 LED1	PIN_N4	表决结果亮为通过

续表

端口名	使用模块信号	对应 FPGA 管脚	说　明
LEDAG0	数码管模块 A 段	PIN_K28	
LEDAG1	数码管模块 B 段	PIN_K27	
LEDAG2	数码管模块 C 段	PIN_K26	
LEDAG3	数码管模块 D 段	PIN_K25	表决通过的票数
LEDAG4	数码管模块 E 段	PIN_K22	
LEDAG5	数码管模块 F 段	PIN_K21	
LEDAG6	数码管模块 G 段	PIN_L23	

(7) 利用下载电缆通过 JTAG 口将对应的.sof 文件加载到 FPGA 中。观察实验结果是否与自己的编程思想一致。

8.3.5　实验结果与现象

以设计的参考示例为例，当设计文件加载到目标器件后，拨动实验系统中开关模块的 SW1～SW7 七位拨动开关，如果拨动开关的值为"1"(即拨动开关置于上端，表示通过表决)的个数不少于 4 时，LED 模块的 LED1 被点亮；否则 LED1 不被点亮。同时数码管上显示通过表决的人数。

8.3.6　实验报告

(1) 将实验原理、设计过程、编译结果、硬件测试结果记录下来。
(2) 试在此实验的基础上增加一个表决的时间，只是在这一时间内的表决结果有效。

8.3.7　主程序

```
library ieee;
use ieee.std_logic_1164.all;
use ieee.std_logic_arith.all;
use ieee.std_logic_unsigned.all;
-----------------------------------------------------------------
entity decision is
  port(
      k1,K2,K3,K4,K5,K6,K7   : in  std_logic;
      ledag            : out std_logic_vector(7 downto 0);
      m_Result               : out  std_logic
      );
end decision;
-----------------------------------------------------------------
architecture behave of decision is
  signal  K_Num       : std_logic_vector(2 downto 0);
  signal  K1_Num,K2_Num: std_logic_vector(2 downto 0);
  signal  K3_Num,K4_Num: std_logic_vector(2 downto 0);
  signal  K5_Num,K6_Num: std_logic_vector(2 downto 0);
  signal  K7_Num      : std_logic_vector(2 downto 0);

  begin
```

```
        process(K1,K2,K3,K4,K5,K6,K7)
          begin
            K1_Num<='0'&'0'&K1;
            K2_Num<='0'&'0'&K2;
            K3_Num<='0'&'0'&K3;
            K4_Num<='0'&'0'&K4;
            K5_Num<='0'&'0'&K5;
            K6_Num<='0'&'0'&K6;
            K7_Num<='0'&'0'&K7;
        end process;

        process(K1_Num,K2_Num,K3_Num,K4_Num,K5_Num,K6_Num,K7_Num)
          begin
            K_Num<=K1_Num+K2_Num+K3_Num+K4_Num+K5_Num+K6_Num+K7_Num;
        end process;

        process(K_Num)
          begin
            if(K_Num>3) then
                m_Result<='1';
            else
                m_Result<='0';
            end if;
        end process;
      process(K_Num)
          begin
            case K_Num is
              when "000"=>ledag<="11000000";
              when "001"=>ledag<="11111001";
              when "010"=>ledag<="10100100";
              when "011"=>ledag<="10110000";
              when "100"=>ledag<="10011001";
              when "101"=>ledag<="10010010";
              when "110"=>ledag<="10000010";
              when "111"=>ledag<="11111000";
              when others=>ledag<="11111111";
            end case;
        end process;
    end behave;
```

8.4 四人抢答器的设计

8.4.1 实验目的

(1) 熟悉四人抢答器的工作原理。

(2) 加深对 VHDL 语言的理解。

(3) 掌握 EDA 开发的基本流程。

8.4.2 实验原理

抢答器在各类竞赛性质的场合得到了广泛的应用，它的出现消除了原来由于人眼的误差而未能正确判断最先抢答人的情况。

抢答器的原理比较简单。首先必须设置一个抢答允许标志位，目的是允许或者禁止抢答者按按钮；如果抢答允许位有效，那么第一个抢答者按下的按钮就将其清除，同时记录按钮的序号，也就是对应的按按钮的人，这样做的目的是禁止后面再有人按下按钮的情况。总的来说，抢答器的实现就是在抢答允许位有效后，第一个按下按钮的人将其清除以禁止再有按钮按下，同时记录清除抢答允许位的按钮序号并显示出来，这就是抢答器的实现原理。

8.4.3　实验内容

本实验的任务是设计一个四人抢答器，用按钮模块的 K5 来做抢答允许按钮，用K1～K4 来表示 1～4 号抢答者，同时用 LED 模块的 LED1～LED4 分别表示与抢答者对应的位次。具体要求为：按下 K5 一次，允许一次抢答，这时 K1～K4 中第一个按下的按钮将抢答允许位清除，同时将对应的 LED 点亮，用来表示对应的按钮抢答成功。数码管显示对应抢答成功者的号码。

8.4.4　实验步骤

(1) 打开 Quartus II 软件，新建一个工程。
(2) 建完工程之后，再新建一个 VHDL 文件，打开 VHDL 编辑器对话框。
(3) 按照实验原理，在 VHDL 编辑窗口编写 VHDL 程序，用户可参照光盘中提供的示例程序。
(4) 编写完 VHDL 程序后，保存起来。
(5) 对自己编写的 VHDL 程序进行编译，对程序的错误进行修改。
(6) 编译无误后，依照按钮开关、LED、数码管与 FPGA 的管脚连接表或参照附录进行管脚分配。表 8-5 是四人抢答器设计端口管脚分配表。分配完成后，再进行全编译一次，以使管脚分配生效。

表 8-5　四人抢答器设计端口管脚分配表

端口名	使用模块信号	对应 FPGA 管脚	说　明
S1	按钮开关 K1	PIN_AC17	表示 1 号抢答者
S2	按钮开关 K2	PIN_AF17	表示 2 号抢答者
S3	按钮开关 K3	PIN_AD18	表示 3 号抢答者
S4	按钮开关 K4	PIN_AH18	表示 4 号抢答者
S5	按钮开关 K5	PIN_AA17	开始抢答按钮
DOUT0	LED 模块 LED1	PIN_N4	1 号抢答者灯
DOUT1	LED 模块 LED2	PIN_N8	2 号抢答者灯
DOUT2	LED 模块 LED3	PIN_M9	3 号抢答者灯
DOUT3	LED 模块 LED4	PIN_N3	4 号抢答者灯
LEDAG0	数码管模块 A 段	PIN_K28	抢答成功者号码显示
LEDAG1	数码管模块 B 段	PIN_K27	
LEDAG2	数码管模块 C 段	PIN_K26	

端口名	使用模块信号	对应 FPGA 管脚	说　明
LEDAG3	数码管模块 D 段	PIN_K25	
LEDAG4	数码管模块 E 段	PIN_K22	
LEDAG5	数码管模块 F 段	PIN_K21	抢答成功者号码显示
LEDAG6	数码管模块 G 段	PIN_L23	

(7) 利用下载电缆通过 JTAG 口将对应的.sof 文件加载到 FPGA 中。观察实验结果是否与自己的编程思想一致。

8.4.5　实验结果与现象

以设计的参考示例为例，当设计文件加载到目标器件后，按下按钮开关的 K5，表示开始抢答。然后，同时按下 K1～K4，首先按下按钮的键值被数码管显示出来，对应的 LED 灯被点亮。与此同时，其他按钮失去抢答作用。

8.4.6　实验报告

将实验原理、设计过程、编译结果、硬件测试结果记录下来。

8.4.7　主程序

```
library ieee;
use ieee.std_logic_1164.all;
use ieee.std_logic_arith.all;
use ieee.std_logic_unsigned.all;
---------------------------------------------------------------------
entity scare_answering is
  port( S1,S2,S3,S4  : in   std_logic;
        S5           : in   std_logic;
        ledag        : out  std_logic_vector(7 downto 0);
        Dout         : out  std_logic_vector(3 downto 0)
      );
end scare_answering;
---------------------------------------------------------------------
architecture behave of scare_answering is
  signal Enable_Flag : std_logic;
  signal S          : std_logic_vector(3 downto 0);
  signal D          : std_logic_vector(3 downto 0);
  begin
    process(S1,S2,S3,S4,S5)
      begin
        S<=S1&S2&S3&S4;
        if(S5='0') then
          Enable_Flag<='1';
        elsif(S/="1111") then
          Enable_Flag<='0';
        end if;
    end process;
```

```
process(S1,S2,S3,S4,S5)
  begin
    if(S5='0') then
      D<="0000";
      elsif(Enable_Flag='1') then
      if(S1='0') then
        D(0)<='1';
      elsif(S2='0') then
        D(1)<='1';
      elsif(S3='0') then
        D(2)<='1';
      elsif(S4='0') then
        D(3)<='1';
      end if;
      dout<=d;
    end if;
  end process;
process(d)
  begin
    case d is
     when "0000"=>ledag<="11000000";
     when "0001"=>ledag<="11111001";
     when "0010"=>ledag<="10100100";
     when "0100"=>ledag<="10110000";
     when "1000"=>ledag<="10011001";
     when others=>ledag<="11111111";
    end case;
  end process;
end behave;
```

8.5　8 位七段数码管动态显示电路的设计

8.5.1　实验目的

(1) 了解数码管的工作原理。

(2) 学习七段数码管显示译码器的设计。

(3) 学习 VHDL 的 CASE 语句及多层次设计方法。

8.5.2　实验原理

　　七段数码管是电子开发过程中常用的输出显示设备。在实验系统中使用的是两个四位一体、共阴极型七段数码管。其单个静态数码管如图 8-6 所示。

　　由于七段数码管公共端连接到 GND(共阴极型)，当数码管中的某一段被输入高电平，则相应该段被点亮；反之则不亮。四位一体的七段数码管在单个静态数码管的基础上加入了用于选择哪一位数码管的位选信号端口。8 个数码管的 a、b、c、d、e、f、g、dp 都连在了一起，8 个数码管分别由各自的位选信号来控制，被选通的数码管显示数据，其余关闭。

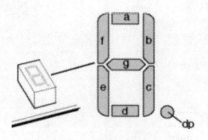

图 8-6　静态七段数码管

8.5.3　实验内容

本实验要求完成的任务是在时钟信号的作用下，通过输入的键值在数码管上显示相应的键值。在实验时，数字时钟选择1kHz 作为扫描时钟，用 4 个拨动开关作为输入，当 4 个拨动开关置为一个二进制数时，在数码管上显示其十六进制的值。实验箱中的拨动开关与FPGA 的接口电路，以及拨动开关FPGA 的管脚连接在前面的实验中都做了详细说明，这里不再赘述。数码管显示模块的电路原理如图 8-7 所示，表 8-6 为其数码管的输入与 FPGA 的管脚连接表。

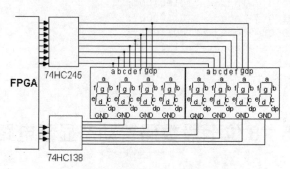

图 8-7　数码管显示模块的电路原理

表 8-6　数码管的输入与FPGA的管脚连接表

信号名称	对应 FPGA 管脚名	说　　明
7SEG-A	PIN_K28	数码管 A 段输入信号
7SEG-B	PIN_K27	数码管 B 段输入信号
7SEG-C	PIN_K26	数码管 C 段输入信号
7SEG-D	PIN_K25	数码管 D 段输入信号
7SEG-E	PIN_K22	数码管 E 段输入信号
7SEG-F	PIN_K21	数码管 F 段输入信号
7SEG-G	PIN_L23	数码管 G 段输入信号
7SEG-DP	PIN_L22	数码管 dp 段输入信号
7SEG-SEL0	PIN_L24	数码管位选输入信号
7SEG-SEL1	PIN_M24	数码管位选输入信号
7SEG-SEL2	PIN_L26	数码管位选输入信号

8.5.4　实验步骤

(1)　打开 Quartus II 软件，新建一个工程。

(2)　建完工程之后，再新建一个 VHDL 文件，打开 VHDL 编辑器对话框。

(3)　按照实验原理，在 VHDL 编辑窗口编写 VHDL 程序，用户可参照光盘中提供的示例程序。

(4)　编写完 VHDL 程序后，保存起来。

(5)　对自己编写的 VHDL 程序进行编译，对程序的错误进行修改。

(6)　编译无误后，参照附录进行管脚分配。表 8-7 为 8 位七段数码管动态显示电路设计端口管脚分配表。分配完成后，再进行全编译一次，以使管脚分配生效。

表8-7　8 位七段数码管动态显示电路设计端口管脚分配表

端口名	使用模块信号	对应FPGA管脚	说　明
CLK	数字信号源	PIN_L20	时钟为 1kHz
KEY0	拨动开关 SW1	PIN_AD15	二进制数据输入
KEY1	拨动开关 SW2	PIN_AC15	
KEY2	拨动开关 SW3	PIN_AB15	
KEY3	拨动开关 SW4	PIN_AA15	
LEDAG0	数码管 A 段	PIN_K28	十六进制数据输出显示
LEDAG1	数码管 B 段	PIN_K27	
LEDAG2	数码管 C 段	PIN_K26	
LEDAG3	数码管 D 段	PIN_K25	
LEDAG4	数码管 E 段	PIN_K22	
LEDAG5	数码管 F 段	PIN_K21	
LEDAG6	数码管 G 段	PIN_L23	
DEL0	位选 DEL0	PIN_L22	
DEL1	位选 DEL1	PIN_L24	
DEL2	位选 DEL2	PIN_M24	

(7)　利用下载电缆通过 JTAG 口将对应的.sof 文件加载到 FPGA 中。观察实验结果是否与自己的编程思想一致。

8.5.5　实验现象与结果

以设计的参考示例为例，当设计文件加载到目标器件后，将数字信号源模块的时钟选择为 1 kHz，拨动 4 位拨动开关，使其为一个数值，则 7 个数码管均显示拨动开关所表示的十六进制的值。

8.5.6　实验报告

(1)　明确扫描时钟是如何工作的，改变扫描时钟会有什么变化。

(2)　实验原理、设计过程、编译结果、硬件测试结果记录下来。

8.5.7　主程序

```vhdl
library ieee;
use ieee.std_logic_1164.all;
use ieee.std_logic_arith.all;
use ieee.std_logic_unsigned.all;
-----------------------------------------------------------------
entity seg is
  port( clk   : in   std_logic;
       key   : in   std_logic_vector(3 downto 0);
       ledag : out  std_logic_vector(7 downto 0);
       del   : out  std_logic_vector(2 downto 0)
      );
end seg;
-----------------------------------------------------------------
architecture whbkrc of seg is
  begin
   process(clk)
     variable dount : std_logic_vector(2 downto 0);
     begin
      if  clk'event  and  clk='1' then
         dount:=dount+1;
      end if;
        del<=dount;
   end process;
    process(key)
    begin
    case key is
       when  "0000" => ledag <="00111111";
       when  "0001" => ledag <="00000110";
       when  "0010" => ledag <="01011011";
       when  "0011" => ledag <="01001111";
       when  "0100" => ledag <="01100110";
       when  "0101" => ledag <="01101101";
       when  "0110" => ledag <="01111101";
       when  "0111" => ledag <="00000111";
       when  "1000" => ledag <="01111111";
       when  "1001" => ledag <="01101111";
       when  "1010" => ledag <="01110111";
       when  "1011" => ledag <="01111100";
       when  "1100" => ledag <="00111001";
       when  "1101" => ledag <="01011110";
       when  "1110" => ledag <="01111001";
       when  "1111" => ledag <="01110001";
       when  others => null;
    end case;
  end process;
 end whbkrc;
```

8.6 直流电机测速实验

8.6.1 实验目的

(1) 掌握直流电机的工作原理。
(2) 了解开关型霍尔传感器的工作原理和使用方法。
(3) 掌握电机测速的原理。

8.6.2 实验原理

直流电机是人们生活当中常用的一种电子设备。其内部结构如图 8-8 所示。

下面就图 8-8 来说明直流电机的工作原理。将直流电源通过电刷接通电枢绕组,使电枢导体有电流流过,由于电磁作用,这样电枢导体将会产生磁场。同时产生的磁场与主磁极的磁场产生电磁力,这个电磁力作用于转子,使转子以一定的速度开始旋转。这样电机就开始工作。

为了能够测定出电机在单位时间内转子旋转了多少个周期,在电机的外部电路中加入了一个开关型的霍尔元件(44E),同时在电子转子上的转盘上加入了一个能够使霍尔元件产生输出的带

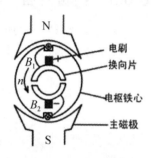

图 8-8 直流电机结构

有磁场的磁钢片。当电机旋转时,带动转盘上的磁钢片一起旋转,当磁钢片旋转到霍尔器件的上方时,可以导致霍尔器件的输出端高电平变为低电平。当磁钢片转过霍尔器件上方后,霍尔器件的输出端又恢复高电平输出。这样电机每旋转一周,则会使霍尔器件的输出端产生一个低脉冲,就可以通过检测单位时间内霍尔器件输出端低脉冲的个数来推算出直流电机在单位时间内的转速。直流电机和开关型霍尔器件的电路原理如图 8-9 所示。

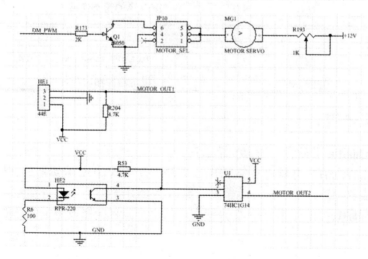

图 8-9 直流电机和开关型霍尔器件电路的原理

电机的转速通常是指每分钟电机的转速，也就是单位为 r/min，实际测量过程中，为了减少转速刷新的时间，通常都是 5～10 s 刷新一次。如果每 6 s 刷新一次，那么相当于只记录了 6 s 内的电机转数，把记录的数据乘 10 即得到 1min 的转速。最后将这个数据在数码管上显示出来。

最后显示的数据因为是将数据乘以 10，也就是将个位数据的后面加上一位做个位即可，这一位将一直为 0。例如，45×10 变为 450，即在 "45" 个位后加了一位 "0"。由此可知，这个电机转速的误差将在 20 以内。为了使显示的数据能够在数码管上显示稳定，在这个数据的输出时加入了一个 16 位的锁存器，把锁存的数据送给数码管显示，这样就会因为在计数过程中数据的变化而使数码管显示不断变化。

8.6.3　实验内容

本实验要求完成的任务是通过编程实现电机转数读取，并在数码管上显示。其读取数据和显示数据的时序关系如图 8-10 所示。

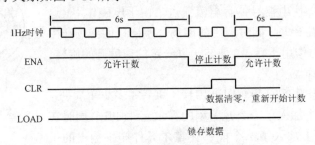

图 8-10　实验控制信号时序图

在此实验中数码管与 FPGA 的连接电路和管脚连接在以前的实验中都做了详细说明，这里不再赘述。直流电机和霍尔器件的电路原理如图 8-9 所示。与 FPGA 的管脚连接如表 8-8 所示。

表 8-8　直流电机、霍尔器件与 FPGA 的管脚连接表

信号名称	对应 FPGA 管脚名	说明
PWM	PIN_L8	PWM 信号输入至直流电机
MOTOR-OUT	PIN_M2	霍尔器件输出至 FPGA

8.6.4　实验步骤

(1) 打开 Quartus II 软件，新建一个工程。

(2) 建完工程之后，再新建一个 VHDL 文件，打开 VHDL 编辑器对话框。

(3) 按照实验原理，在 VHDL 编辑窗口编写 VHDL 程序，用户可参照光盘中提供的示例程序。示例程序共提供 4 个 VHDL 源程序。每一个源程序完成一定的功能。其具体的功能如表 8-9 所示。

表 8-9　示例程序功能表

文件名称	完成功能
TELTCL.VHD	在时钟的作用下生成测频的控制信号
CNT10.VHD	十进制计数器。在实验中使用 4 个进行计数
SEG32B.VHD	16 位的锁存器，在锁存控制信号的作用下，将计数的值锁存
DISPLAY.VHDL	显示译码，将锁存的数据显示出来

(4) 编写完VHDL 程序后，保存起来。

(5) 将自己编写的 VHDL 程序进行编译并生成模块符号文件，并对程序的错误进行修改，最终所有程序通过编译并生成模块符号文件。

(6) 新建一个图形设计文件，将已生成的模块符号文件放入其中，并根据要求连接起来。完成后如图8-11 所示。

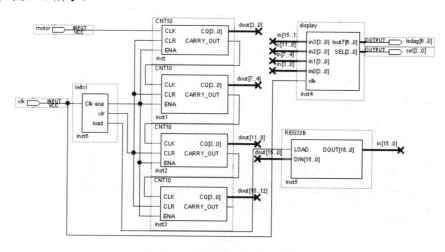

图 8-11　编辑好的图形设计文件

(7) 将自己编辑好的程序进行编译，并对程序的错误进行修改，最终通过编译。

(8) 编译无误后，参照附录进行管脚分配。表 8-10 为直流电机测速实验端口管脚分配表。分配完成后，再进行全编译一次，以使管脚分配生效。

表 8-10　直流电机测速实验端口管脚分配表

端口名	使用模块信号	对应 FPGA 管脚	说　明
CLK	数字信号源	PIN_L20	时钟为 1 MHz
MOTOR	直流电机模块	PIN_M2	44E 脉冲输出
LEDAG0	数码管 A 段	PIN_K28	电机转速显示
LEDAG1	数码管 B 段	PIN_K27	
LEDAG2	数码管 C 段	PIN_K26	
LEDAG3	数码管 D 段	PIN_K25	
LEDAG4	数码管 E 段	PIN_K22	

端口名	使用模块信号	对应 FPGA 管脚	说　明
LEDAG5	数码管 F 段	PIN_K21	
LEDAG6	数码管 G 段	PIN_L23	
SEL0	位选 DEL0	PIN_L22	电机转速显示
SEL1	位选 DEL1	PIN_L24	
SEL2	位选 DEL2	PIN_M24	

(9) 利用下载电缆通过 JTAG 口将对应的.sof 文件加载到 FPGA 中。观察实验结果是否与自己的编程思想一致。

8.6.5　实验结果与现象

以设计的参考示例为例，当设计文件加载到目标器件后，将数字信号源模块的时钟选择为1 MHz，将直流电机模块的模式选择到GND模式(跳帽连接"开")，旋转改变转速的电位器，使直流电机开始旋转，此时在一定的时间内，数码管上将显示此时直流电机的每分钟转速。通过电位器慢慢增加或者减少直流电机的转动速率，此时数码管上的数值也会相应地增加或者减少。

8.6.6　实验报告

(1) 试编写程序将实验结果精确到个位。
(2) 将实验原理、设计过程、编译结果、硬件测试结果记录下来。

8.6.7　主程序

```
LIBRARY IEEE;
USE IEEE.STD_LOGIC_1164.ALL;
ENTITY REG32B IS
  PORT(LOAD: IN STD_LOGIC;
       DIN: IN STD_LOGIC_VECTOR(15 DOWNTO 0);
       DOUT: OUT STD_LOGIC_VECTOR(15 DOWNTO 0));
END ENTITY REG32B;

ARCHITECTURE ART OF REG32B IS
BEGIN
PROCESS ( LOAD, DIN ) IS
BEGIN
  IF LOAD 'EVENT AND LOAD= '1'
     THEN DOUT<=DIN; --锁存输入数据
  END IF;
END PROCESS;
END ART;
library ieee;
use ieee.std_logic_1164.all;
use ieee.std_logic_arith.all;
```

```vhdl
use ieee.std_logic_unsigned.all;
---------------------------------------------------------------
entity teltcl is
  port( Clk      : in    std_logic;    --时钟输入1 MHz
        ena      : out   std_logic;    --允许计数
        clr      : out   std_logic;    --计数器清零信号产生
        load     : out   std_logic     --锁存、显示输出允许
        );
end teltcl;
---------------------------------------------------------------
architecture behave of teltcl is
  signal clk1hz    :std_logic;--1HZ 时钟信号
  signal count     : std_logic_vector(2 downto 0);--6 s 计数
  signal clr1      :std_logic;--清零信号
  signal ena1      :std_logic;--允许计数信号
  signal load1     :std_logic;--允许计数信号
  signal cq1,cq2,cq3,cq4 : INTEGER RANGE 0 TO 15;--计数数据

  begin
    process(clk)    --1 HZ 信号产生
      variable cnttemp : INTEGER RANGE 0 TO 999999;
    begin
      IF clk='1' AND clk'event THEN
        IF cnttemp=999999 THEN cnttemp:=0;
          ELSE
          IF cnttemp<500000 THEN clk1hz<='1';
            ELSE clk1hz<='0';
          END IF;
         cnttemp:=cnttemp+1;
        END IF;
      end if;
    end process;
    process(Clk1hz)—6 s 计数
      begin
        if(Clk1hz'event and Clk1hz='1') then
            count<=count+1;
            if count<6 then
             ena1<='1';load1<='0';clr1<='0';
              elsif count=6 then
                load1<='1';ena1<='0';clr1<='0';
                elsif count=7 then
                  ena1<='0';load1<='0';clr1<='1';
            end if;
        end if;
        ena<=ena1; load<=load1;clr<=clr1;
    end process;
end behave;
LIBRARY IEEE;
use ieee.std_logic_1164.all;
use ieee.std_logic_unsigned.all;

entity display is
port(in3,in2,in1,in0:in std_logic_vector(3 downto 0);
```

```
        lout7:out std_logic_vector(6 downto 0);
        SEL:OUT STD_LOGIC_VECTOR(2 DOWNTO 0);
        clk:in std_logic
        );
end display;

architecture phtao of display is
signal s:std_logic_vector(2 downto 0);
signal lout4:std_logic_vector(3 downto 0);

begin
process (clk)
begin
if (clk'event and clk='1')then
    if (s="111") then
        s<="000";
    else s<=s+1;
    end if;
end if;
sel<=s;
end process;

process (s)
begin
    case s is
        when "000"=>lout4<="1111";
        when "001"=>lout4<="1111";
        when "010"=>lout4<=in2;
        when "011"=>lout4<=in1;
        when "100"=>lout4<=in0;
        when "101"=>lout4<="0000";
        when "110"=>lout4<="1111";
        when "111"=>lout4<="1111";
        when others=>lout4<="XXXX";
    end case;

    case lout4 is
        when "0000"=>lout7<="0111111";
        when "0001"=>lout7<="0000110";
        when "0010"=>lout7<="1011011";
        when "0011"=>lout7<="1001111";
        when "0100"=>lout7<="1100110";
        when "0101"=>lout7<="1101101";
        when "0110"=>lout7<="1111101";
        when "0111"=>lout7<="0000111";
        when "1000"=>lout7<="1111111";
        when "1001"=>lout7<="1100111";
        when "1010"=>lout7<="0111111";
        when "1111"=>lout7<="1000000";
        when others=>lout7<="XXXXXXX";
    end case;
end process;
end phtao;
```

8.7 交通信号灯控制电路实验

8.7.1 实验目的

(1) 了解交通信号灯的亮、灭规律。

(2) 了解交通信号灯控制器的工作原理。

(3) 熟悉 VHDL 语言编程，了解实际设计中的优化方案。

8.7.2 实验原理

交通信号灯的显示有多种方式，如十字路口、丁字路口等，而对于同一个路口又有很多不同的显示要求，比如十字路口，车辆如果只要东西和南北方向通行就很简单，而如果车子可以左右转弯的通行就比较复杂，本实验仅针对最简单的南北和东西直行的情况。

要完成本实验，首先必须了解交通信号灯的亮灭规律。本实验需要用到实验箱上交通信号灯模块中的发光二极管，即红、黄、绿各 3 个。依人们的交通常规，"红灯停，绿灯行，黄灯提醒"。其交通信号灯的亮灭规律为：初始态是两个路口的红灯全亮之后，东西路口的绿灯亮，南北路口的红灯亮，东西方向通车，延迟一段时间后，东西路口绿灯灭，黄灯开始闪烁。闪烁若干次后，东西路口红灯亮，而同时南北路口的绿灯亮，南北方向开始通车，延迟一段时间后，南北路口的绿灯灭，黄灯开始闪烁。闪烁若干次后，再切换到东西路口方向，重复上述过程。

在实验中使用8个数码管中的任意两个数码管显示时间。东西路和南北路的通车时间均设定为 20 s。数码管的时间总是显示为 19，18，17，…，2，1，0，19，18，…在显示时间小于 3 s 时，通车方向的黄灯闪烁。

8.7.3 实验内容

本实验要完成的任务就是设计一个简单的交通信号灯控制器，交通信号灯显示用实验箱的交通信号灯模块和数码管中的任意两个来显示。系统时钟选择时钟模块的 1 kHz 时钟，黄灯闪烁时钟要求为 2 Hz，数码管的时间显示为 1 Hz 脉冲，即每 1 s 递减一次，在显示时间小于 3 s 时，通车方向的黄灯以 2 Hz 的频率闪烁。系统用 K1 按钮进行复位。

交通信号灯模块原理与 LED 灯模块的电路原理一致，当有高电平输入时 LED 灯就会被点亮；反之不亮。只是 LED 发出的光有颜色之分。其与 FPGA 的管脚连接如表 8-11 所示。

表 8-11 交通信号灯模块与FPGA 的管脚连接表

信号名称	对应FPGA管脚名	说　明
R1	PIN_AF23	横向红色交通信号LED灯
Y1	PIN_V20	横向黄色交通信号LED灯
G1	PIN_AG22	横向绿色交通信号LED灯
R2	PIN_AE22	纵向红色交通信号LED灯

续表

信号名称	对应FPGA管脚名	说　明
Y2	PIN_AC22	纵向黄色交通信号LED灯
G2	PIN_AG21	纵向绿色交通信号LED灯

8.7.4　实验步骤

(1)　打开Quartus II软件，新建一个工程。

(2)　建完工程之后，再新建一个VHDL文件，打开VHDL编辑器对话框。

(3)　按照实验原理，在VHDL编辑窗口编写VHDL程序，用户可参照光盘中提供的示例程序。

(4)　编写完VHDL程序后，保存起来。

(5)　对自己编写的VHDL程序进行编译，对程序的错误进行修改，直到完全通过。

(6)　编译无误后，依照按钮开关、数字信号源、数码管与FPGA的管脚连接表或参照附录进行管脚分配。表8-12是交通信号灯控制电路实验端口管脚分配表。分配完成后再进行全编译一次，以使管脚分配生效。

图 8-12　交通信号灯控制电路实验端口管脚分配表

端口名	使用模块信号	对应 FPGA 管脚	说　明
CLK	数字信号源	PIN_L20	时钟为 1 kHz
RST	按钮开关 K1	PIN_AC17	复位信号
R1	交通灯模块横向红色	PIN_AF23	交通信号灯
Y1	交通灯模块横向黄色	PIN_V20	
G1	交通灯模块横向绿色	PIN_AG22	
R2	交通灯模块纵向红色	PIN_AE22	
Y2	交通灯模块纵向黄色	PIN_AC22	
G2	交通灯模块纵向绿色	PIN_AG21	
DISPLAY0	数码管 A 段	PIN_K28	通行时间显示
DISPLAY1	数码管 B 段	PIN_K27	
DISPLAY2	数码管 C 段	PIN_K26	
DISPLAY3	数码管 D 段	PIN_K25	
DISPLAY4	数码管 E 段	PIN_K22	
DISPLAY5	数码管 F 段	PIN_K21	
DISPLAY6	数码管 G 段	PIN_L23	
SEG-SEL0	位选 DEL0	PIN_L24	
SEG-SEL1	位选 DEL1	PIN_M24	
SEG-SEL2	位选 DEL2	PIN_L26	

(7)　利用下载电缆通过JTAG口将对应的.sof文件加载到FPGA中。观察实验结果是否

与自己的编程思想一致。

8.7.5 实验结果与现象

以设计的参考示例为例，当设计文件加载到目标器件后，将时钟设定为 1 kHz。交通信号灯模块的红、绿、黄 LED 发光管会模拟实际中的交通信号灯的变化。此时，数码管上显示通行时间的倒计时。当倒计时到 5 s 时，黄灯开始闪烁。到 0 s 时红、绿灯开始转换，倒计时的时间恢复至 20 s。按下按钮开关 K1，则从头开始显示和计数。

8.7.6 实验报告

(1) 试编写能手动控制交通信号灯通行时间的控制器。
(2) 将实验原理、设计过程、编译结果、硬件测试结果记录下来。

8.7.7 主程序

```vhdl
library ieee;
use ieee.std_logic_1164.all;
use ieee.std_logic_arith.all;
use ieee.std_logic_unsigned.all;
--------------------------------------------------------------------
entity traffic_light is
  port( Clk      : in   std_logic;
        Rst      : in   std_logic;
        R1,R2    : out  std_logic;
        Y1,Y2    : out  std_logic;
        G1,G2    : out. std_logic;
        Display  : out  std_logic_vector(6 downto 0);
        SEG_SEL  : buffer std_logic_vector(2 downto 0)
      );
end traffic_light;
--------------------------------------------------------------------
architecture behave of traffic_light is
  signal Disp_Temp   : integer range 0 to 15;
  signal Disp_Decode : std_logic_vector(6 downto 0);
  signal SEC1,SEC10  : integer range 0 to 9;
  signal Direction   : integer range 0 to 15;

  signal Clk_Count1  : std_logic_vector(9 downto 0);
  signal Clk1Hz      : std_logic;
  signal Dir_Flag    : std_logic;

  begin
    process(Clk)
      begin
        if(Clk'event and Clk='1') then
          if(Clk_Count1<1000) then
            Clk_Count1<=Clk_Count1+1;
          else
            Clk_Count1<="0000000001";
          end if;
        end if;
    end process;
    Clk1Hz<=Clk_Count1(9);
```

```
        process(Clk1Hz,Rst)
          begin
            if(Rst='0') then
               SEC1<=0;
               SEC10<=2;
               Dir_Flag<='0';
            elsif(Clk1Hz'event and Clk1Hz='1') then
               if(SEC1=0) then
                  SEC1<=9;
                  if(SEC10=0) then
                     SEC10<=1;
                   else
                     SEC10<=SEC10-1;
                   end if;
                else
                  SEC1<=SEC1-1;
                end if;
                if(SEC1=0 and SEC10=0) then
                   Dir_Flag<=not Dir_Flag;
                end if;
             end if;
        end process;

        process(Clk1Hz,Rst)
          begin
            if(Rst='0') then
               R1<='1';
               G1<='0';
               R2<='1';
               G2<='0';
            else
               if(SEC10>0 or SEC1>3) then
                  if(Dir_Flag='0') then
                     R1<='0';
                     G1<='1';
                     R2<='1';
                     G2<='0';
                   else
                     R1<='1';
                     G1<='0';
                     R2<='0';
                     G2<='1';
                   end if;
                else
                  if(Dir_Flag='0') then
                     R1<='0';
                     G1<='0';
                     R2<='1';
                     G2<='0';
                   else
                     R1<='1';
                     G1<='0';
                     R2<='0';
                     G2<='0';
                   end if;
                end if;
             end if;
        end process;

        process(Clk1Hz)
          begin
```

```
            if(SEC10>0 or SEC1>3) then
                Y1<='0';
                Y2<='0';
            elsif(Dir_Flag='0') then
                Y1<=Clk1Hz;
                Y2<='0';
            else
                Y1<='0';
                Y2<=Clk1Hz;
            end if;
        end process;

    process(Dir_Flag)
      begin
        if(Dir_Flag='0') then
            Direction<=10;
        else
            Direction<=11;
        end if;
end process;
    process(SEG_SEL)
      begin
        case (SEG_SEL+1) is
          when "000"=>Disp_Temp<=Direction;
          when "001"=>Disp_Temp<=Direction;
          when "010"=>Disp_Temp<=SEC10;
          when "011"=>Disp_Temp<=SEC1;
          when "100"=>Disp_Temp<=Direction;
          when "101"=>Disp_Temp<=Direction;
          when "110"=>Disp_Temp<=SEC10;
          when "111"=>Disp_Temp<=SEC1;
        end case;
end process;

    process(Clk)
      begin
        if(Clk'event and Clk='1') then
            SEG_SEL<=SEG_SEL+1;
            Display<=Disp_Decode;
        end if;
end process;
    process(Disp_Temp)
      begin
        case Disp_Temp is
          when 0=>Disp_Decode<="0111111";    --'0'
          when 1=>Disp_Decode<="0000110";    --'1'
          when 2=>Disp_Decode<="1011011";    --'2'
          when 3=>Disp_Decode<="1001111";    --'3'
          when 4=>Disp_Decode<="1100110";    --'4'
          when 5=>Disp_Decode<="1101101";    --'5'
          when 6=>Disp_Decode<="1111101";    --'6'
          when 7=>Disp_Decode<="0000111";    --'7'
          when 8=>Disp_Decode<="1111111";    --'8'
          when 9=>Disp_Decode<="1101111";    --'9'
          when 10=>Disp_Decode<="1001000";   --'='
          when 11=>Disp_Decode<="0010100";   --'||'
          when others=>Disp_Decode<="0000000";
        end case;
    end process;
end behave;
```

8.8　出租车计费器的设计

8.8.1　实验目的

(1)　了解出租车计费器的工作原理。

(2)　学会用 VHDL 语言编写正确的数码管显示程序。

(3)　熟练掌握用 VHDL 编写复杂功能模块。

(4)　进一步掌握状态机在系统设计中的应用。

8.8.2　实验原理

出租车计费器一般都是按公里计费，通常起步价是××元(××元可以行走×千米)，然后再是××元/km。所以，要完成一个出租车计费器，就要有两个计数单位，一个用来计千米数，另一个用来计费用。通常在出租车的轮子上都有传感器，用来记录车轮转动的圈数，而车轮子的周长是固定的，所以知道了圈数自然也就知道了里程。在这个实验中，就要模拟出租车计费器的工作过程，用直流电机模拟出租车轮子，通过传感器可以得到电机每转一周输出一个脉冲波形。结果用 8 个数码管显示，前 4 个显示里程，后 4 个显示费用。

在设计 VHDL 程序时，首先在复位信号的作用下将所有用到的寄存器清零，然后开始设定到起步价记录状态，在此状态时，在起步价规定的里程里都一直显示起步价，直到路程超过起步价规定的里程时，系统转移到每千米计费状态，此时每增加 1 千米，计费器增加相应的费用。

另外讲一讲编写程序过程中的一些小技巧。为了便于显示，在编写过程中的数据用 BCD 码来显示，这样就不存在数据格式转换的问题。比如，表示一个 3 位数，就分别用 4 位二进制码来表示，当个位数字累计大于 9 时，将其清零，同时十位数字加 1，依此类推。

8.8.3　实验内容

本实验要完成的任务就是设计一个简单的出租车计费器，要求是：起步价 3 元，准行 1 千米，以后 1 元/km。显示部分的数码管扫描时钟选择时钟模块的 1 kHz，电机模块的跳线选择 GND 端，这样通过旋转电机模块的电位器，即可达到控制电机转速的目的。另外，用按键模块的 K1 作为整个系统的复位按钮，每复位一次，计费器从头开始计费。直流电机用来模拟出租车的车轮子，每转动一圈认为行走 1 米，所以每旋转 1000 圈，认为车子前进 1 千米。系统设计时需要检测电机的转动情况，每转一周，计米计数器增加 1。数码管显示要求为前 4 个显示里程，后 4 个显示费用。

8.8.4　实验步骤

(1)　打开 Quartus Ⅱ软件，新建一个工程。

(2)　建完工程之后，再新建一个 VHDL 文件，打开 VHDL 编辑器对话框。

(3)　按照实验原理和自己的想法，在 VHDL 编辑窗口编写 VHDL 程序，用户可参照光盘中提供的示例程序。

(4) 编写完 VHDL 程序后，保存起来。

(5) 对自己编写的 VHDL 程序进行编译并仿真，对程序的错误进行修改。

(6) 编译仿真无误后，依照拨动开关、LED 与 FPGA 的管脚连接表或参照附录进行管脚分配。表 8-13 为出租车计费器设计端口管脚分配表。分配完成后再进行全编译一次，以使管脚分配生效。

表 8-13　出租车计费器设计端口管脚分配表

端口名	使用模块信号	对应 FPGA 管脚	说　明
CLK	数字信号源	PIN_L20	时钟为 1kHz
MOTOR	直流电机模块	PIN_M2	44E 脉冲输出
RST	按钮开关 K1	PIN_AC17	复位信号
DISPLAY0	数码管 A 段	PIN_K28	
DISPLAY 1	数码管 B 段	PIN_K27	
DISPLAY 2	数码管 C 段	PIN_K26	
DISPLAY 3	数码管 D 段	PIN_K25	
DISPLAY 4	数码管 E 段	PIN_K22	计价器费用显示
DISPLAY 5	数码管 F 段	PIN_K21	
DISPLAY 6	数码管 G 段	PIN_L23	
SEG-SEL0	位选 DEL0	PIN_L24	
SEG-SEL1	位选 DEL1	PIN_M24	
SEG-SEL2	位选 DEL2	PIN_L26	

(7) 利用下载电缆通过 JTAG 口将对应的.sof 文件加载到 FPGA 中。观察实验结果是否与自己的编程思想一致。

8.8.5　实验结果与现象

以设计的参考示例为例，当设计文件加载到目标器件后，将数字信号源模块的时钟选择为 1 kHz，将直流电机模块的模式选择到 GND 模式(跳帽连接"开")，旋转改变转速的电位器，使直流电机开始旋转，则可以看到数码管前 4 个显示里程，后 4 个显示费用。按下 K1 按钮系统复位，每复位一次，计费器从头开始计费。

8.8.6　实验报告

将实验原理、设计过程、编译结果、硬件测试结果记录下来。

8.8.7　主程序

```
----------------------------------
library ieee;
use ieee.std_logic_1164.all;
```

```
use ieee.std_logic_arith.all;
use ieee.std_logic_unsigned.all;
----------------------------------------------------------------------
entity taxi is
  port( Clk       : in   std_logic;
        Rst       : in   std_logic;
        Motor     : in   std_logic;
        Display   : out  std_logic_vector(7 downto 0);
        SEG_SEL   : buffer std_logic_vector(2 downto 0)
      );
end taxi;
----------------------------------------------------------------------
architecture behave of taxi is
  signal Disp_Temp : integer range 0 to 15;
  signal Disp_Decode: std_logic_vector(7 downto 0);
  signal Meter1,Meter10,Meter100,Meter1K    : integer range 0 to 9;
  signal Money1,Money10,Money100 : integer range 0 to 9;
  signal Old_Money1 : integer range 0 to 9;

  begin
    process(Motor)
      begin
        if(Rst='0') then
          Meter1<=0;
          Meter10<=0;
          Meter100<=0;
          Meter1K<=0;
        elsif(Motor'event and Motor='1') then
          if(Meter1=9) then
            Meter1<=0;
            if(Meter10=9) then
              Meter10<=0;
              if(Meter100=9) then
                Meter100<=0;
                if(Meter1K=9) then
                  Meter1K<=0;
                else
                  Meter1K<=Meter1K+1;
                end if;
              else
                Meter100<=Meter100+1;
              end if;
            else
              Meter10<=Meter10+1;
            end if;
          else
            Meter1<=Meter1+1;
          end if;
        end if;
    end process;
    process(Clk)
      begin
        if(Rst='0') then
          Money1<=0;
          Money10<=0;
```

```
        Money100<=0;
      elsif(Clk'event and Clk='1') then
        if(Meter1K<1) then
          Money100<=0;
          Money10<=3;
          Money1<=0;
          Old_Money1<=0;
        else
          Money1<=Meter100;
          Old_Money1<=Money1;
          if(Old_Money1=9 and Money1=0) then
            if(Money10=9) then
              Money10<=0;
              if(Money100=9) then
                Money100<=0;
              else
                Money100<=Money100+1;
              end if;
            else
              Money10<=Money10+1;
            end if;
          end if;
        end if;
      end if;
  end process;
  process(SEG_SEL)
    begin
      case (SEG_SEL+1) is
      when "000"=>Disp_Temp<=Meter1K;
      when "001"=>Disp_Temp<=Meter100;
      when "010"=>Disp_Temp<=Meter10;
      when "011"=>Disp_Temp<=Meter1;
      when "100"=>Disp_Temp<=10;
      when "101"=>Disp_Temp<=Money100;
      when "110"=>Disp_Temp<=Money10;
      when "111"=>Disp_Temp<=Money1;
      end case;
  end process;

  process(Clk)
    begin
      if(Clk'event and Clk='1') then
        SEG_SEL<=SEG_SEL+1;
        if(SEG_SEL=5) then
          Display<=Disp_Decode or "01000000";
        else
          Display<=Disp_Decode;
        end if;
      end if;
  end process;
  process(Disp_Temp)
    begin
      case Disp_Temp is
        when 0=>Disp_Decode<="00111111";   --0
        when 1=>Disp_Decode<="00000110";   --1
```

```
        when 2=>Disp_Decode<="01011011";   --2
        when 3=>Disp_Decode<="01001111";   --3
        when 4=>Disp_Decode<="01100110";   --4
        when 5=>Disp_Decode<="01101101";   --5
        when 6=>Disp_Decode<="01111101";   --6
        when 7=>Disp_Decode<="00000111";   --7
        when 8=>Disp_Decode<="01111111";   --8
        when 9=>Disp_Decode<="01101111";   --9
        when 10=>Disp_Decode<="01000000";  ---
        when others=>Disp_Decode<="00000000";
    end case;
  end process;

end behave;
```